Wissenschaftliche Taschenbücher WTB

Mathematik · Physik

V. Schuricht

Kernexplosionen für friedliche Zwecke

Akademie-Verlag · Berlin

WTB Wissenschaftliche Taschenbücher

Reihe BIOLOGIE

HANS BERGNER
Tierernährung

HELMUT FRIEMEL/JOSEF BROCK
Grundlagen der Immunologie

HELLMUTH GÄBLER
Forstschutz

HEINZ GEILER
Ökologie der Land- und Süßwassertiere

PAUL HOFFMANN
Photosynthese

EBERHARD HOFMANN
Eiweiße und Nucleinsäuren als biologische Makromoleküle
Dynamische Biochemie, Teil I

EBERHARD HOFMANN
Enzyme und energiebereitstellende Reaktionen des Stoffwechsels
Dynamische Biochemie, Teil II

EBERHARD HOFMANN
Der Stoffwechsel lebendiger Systeme und seine Regulation
Dynamische Biochemie, Teil III

EBERHARD HOFMANN
Biochemie der Vererbung, Differenzierung und anderer Zellfunktionen
Dynamische Biochemie, Teil IV

FRIEDRICH JACOB
Bewegungsphysiologie der Pflanzen

GERHARD LERCH
Pflanzenökologie

JOACHIM NITSCHMANN
Entwicklung bei Mensch und Tier

HANS-WERNER NOLTE
Pflanzenschutz in der Landwirtschaft

KLAUS ODENING
Parasitismus

ALFRED PALISSA
Bodenzoologie in Wissenschaft, Naturhaushalt und Wirtschaft

MARTIN SCHMIDT
Pflanzenschutz im Gartenbau

ULRICH SEDLAG
Biologische Schädlingsbekämpfung

DIETER SPAAR
HELMUT KLEINHEMPEL
HANS-JOACHIM MÜLLER
KLAUS NAUMANN
Bakteriosen der Kulturpflanzen

LUDWIG SPANNHOF
Zellen und Gewebe der Tiere

GÜNTER TEMBROCK
Grundlagen des Tierverhaltens

GÜNTER TEMBROCK
Biokommunikation
Informationsübertragung im biologischen Bereich, Teil I und II

EBERHARD TEUSCHER
Pharmakognosie
Teil I und II

REGINE WITKOWSKI
FALKO H. HERRMANN
Einführung in die klinische Genetik

GERALD WOLF
Neurobiologie

Reihe CHEMIE

HANS-MARTIN BARCHET
Chemie photographischer Prozesse

ULRICH BEHRENS
MANFRED RINGPFEIL
Mikrobielle Polysaccharide

ROLF BORSDORF
MANFRED SCHOLZ
Spektroskopische Methoden in der organischen Chemie

HANS DAWCZYNSKI
Temperaturbeständige Faserstoffe aus organischen Polymeren

HANS DAWCZYNSKI
Temperaturbeständige Faserstoffe aus anorganischen Polymeren

WERNER DÖPKE
Stereochemie organischer Verbindungen

MARTIN FINKE
WALTER LEIPNITZ
Moderne Methoden der Erdölanalyse

ERICH GUNDERMANN
Chemie und Technologie des Braunkohlenteers

WERNER HABERDITZL
Magnetochemie

SIEGFRIED HAUPTMANN
Über den Ablauf organisch-chemischer Reaktionen

HELMUT HRAPIA
Einführung in die Chromatographie

HORST KEHLEN/FRANK KUSCHEL
HORST SACKMANN
Grundlagen der chemischen Kinetik

GERHARD KEMPTER
Struktur und Synthese von Vitaminen

PETER KRUMBIEGEL
Isotopieeffekte

KLAUS KÜHNE
Werkstoff Glas

HANS LUPPA
Grundlagen der Histochemie
Teil I und II

DIETER MERKEL
Riechstoffe

DIETER ONKEN
Steroide

BURKART PHILIPP
GERHARD REINISCH
Grundlagen der makromolekularen Chemie

JOACHIM RIEMER
Quantitative organische Mikroanalyse

ROLF SCHÖLLNER
Die Oxydation organischer Verbindungen mit Sauerstoff

WOLFGANG WAGNER
Chemische Thermodynamik

GÜNTHER WAGNER
HANS KÜHMSTEDT
Pharmazeutische Chemie

ADOLF ZSCHUNKE
Kernmagnetische Resonanzspektroskopie in der organischen Chemie

Reihe MATHEMATIK/PHYSIK

HANS BANDEMER
ANDREAS BELLMANN
WOLFHART JUNG/KLAUS RICHTER
Optimale Versuchsplanung

FRANK BEICHELT
Prophylaktische Erneuerung von Systemen

DIETRICH BENDER
ERNST-EGON PIPPIG
Einheiten, Maßsysteme, SI

WOLFRAM BRAUER
HANS WALDEMAR STREITWOLF
Theoretische Grundlagen der Halbleiterphysik

SIEGFRIED BREHMER
Einführung in die Maßtheorie

FERDINAND CAP
Einführung in die Plasmaphysik
I. Theoretische Grundlagen
II. Wellen und Instabilitäten
III. Magnetohydrodynamik

JOHN CUNNINGHAM
Vektoren

GEORG DAUTCOURT
Relativistische Astrophysik

K. CH. DELOKAROV
Relativitätstheorie und Materialismus

WERNER DÜCK
Diskrete Optimierung

ALBERT EINSTEIN
Grundzüge der Relativitätstheorie

ALBERT EINSTEIN
Über die spezielle und die allgemeine Relativitätstheorie

HANNELORE FISCHER
JOACHIM PIEHLER
Modellsysteme der Operationsforschung

ALFRED FRIESER
Mikrowellenmeßtechnik

W. L. GINSBURG
Über Physik und Astrophysik

HERBERT GOERING
Elementare Methoden zur Lösung von Differentialgleichungsproblemen

HERBERT GOERING
Asymptotische Methoden zur Lösung von Differentialgleichungen

MICHAEL GÖSSEL
Angewandte Automatentheorie
Band I und II

MICHAEL GÖSSEL
Wahrscheinlichkeitsautomaten und Zufallsfolgen

E. G. GOLSTEIN
Konvexe Optimierung

HELMUT HESS
Der elektrische Durchschlag in Gasen

WILHELM KÄMMERER
Kybernetik – eine Einführung auf naturwissenschaftlicher Grundlage

V. I. KARPMAN
Nichtlineare Wellen in dispersiven Medien

ULRICH KAUSMANN
KLAUS LOMMATZSCH
FRANTIŠEK NOŽIČKA
Lineare parametrische Optimierung

VOLKER KEMPE
Theorie stochastischer Systeme

VOLKER KEMPE
Analyse stochastischer Systeme
Teil 1

A. R. KESSEL
Akustische Kernresonanz

HEINRICH KINDLER
Der Regelkreis

DIETER KLAUA
Elemertare Axiome der Mengenlehre
Einführung in die Allgemeine Mengenlehre I

DIETER KLAUA
Grundbegriffe der axiomatischen Mengenlehre
Teil 1 und 2
Einführung in die Allgemeine Mengenlehre II

DIETER KLAUA
Kardinal- und Ordinalzahlen
Teil 1 und 2
Einführung in die Allgemeine Mengenlehre III

DIETER KÖNIG
DIETRICH STOYAN
Methoden der Bedienungstheorie

KONRAD KREHER
Festkörperphysik

Dieter Kress
Theoretische Grundlagen der Signal- und Informationsübertragung

Jean Kuntzmann
Unendliche Reihen

Jean Kuntzmann
Systeme von Differentialgleichungen

Jean Kuntzmann
Komplexe Veränderliche

Dierck-Ekkehard Liebscher
Relativitätstheorie mit Zirkel und Lineal

Wolfgang Meiling
Kernphysikalische Elektronik

Peter Paufler
Dieter Leuschner
Kristallographische Grundbegriffe der Festkörperphysik

Harry Paul
Lasertheorie
Teil I und II

Harry Paul
Nichtlineare Optik
Teil I und II

Wolfgang Pauli
Vierpoltheorie und ihre Anwendung auf elektronische Schaltungen

Harry Pfeifer
Theorie linearer Bauelemente
Elektronik für den Physiker I

Harry Pfeifer
Die Elektronenröhre
Elektronik für den Physiker II

Harry Pfeifer
Schaltungen mit Elektronenröhren
Elektronik für den Physiker III

Harry Pfeifer
Leitungen und Antennen
Elektronik für den Physiker IV

Harry Pfeifer
Mikrowellenelektronik
Elektronik für den Physiker V

Harry Pfeifer
Halbleiterelektronik
Elektronik für den Physiker VI

Harry Pfeifer
W. Heink
Schaltungen mit Transistoren
Elektronik für den Physiker VII

Ulrich Röseberg
Determinismus und Physik

J. A. Rosanow
Wahrscheinlichkeitstheorie

E. M. Sawizki
Perspektiven der Metallforschung

Wolfgang Schäfer
Theoretische Grundlagen der Stabilität technischer Systeme

Ernst Schmutzer
Symmetrien und Erhaltungssätze der Physik

I. S. Sheludew
Elektrische Kristalle

N. D. Shewandrow
Die Polarisation des Lichtes

L. A. Skornjakow
Elemente der Verbandstheorie

A. A. Smirnow
Metallphysik

A. S. Sonin/B. A. Strukow
Einführung in die Ferroelektrizität

Hans-Jürgen Treder
Elementare Kosmologie

J. F. Vinson
Optische Kohärenz in der klassischen Theorie und in der Quantentheorie

TEXTE UND STUDIEN

D. M. Brink
Kernkräfte

Stephen G. Brush
Kinetische Theorie
Teil I und II

Festkörperphysik
Entwicklungstendenzen und Anwendungsmöglichkeiten

D. ter Haar
Quantentheorie

W. R. Hindmarsh
Atomspektren

J. H. Sanders
Die Lichtgeschwindigkeit

Die Schöpfer der physikalischen Optik
Eine Artikelsammlung

Gustav E. R. Schulze
Beiträge zur Entwicklung der Metallphysik

R. A. R. Tricker
Die Beiträge von Faraday und Maxwell zur Elektrodynamik

R. A. R. Tricker
Frühe Elektrodynamik

Vorschau auf die nächsten Bände:

Joachim Auth/Dietmar Genzow/Klaus H. Herrmann
Photoelektrische Erscheinungen

Gerhard Geiseler/Heinz Seidel
Die Wasserstoffbrückenbindung

W. S. Letochow
Laserspektroskopie

Michael Theile/Siegfried Scherneck
Zellgenetik

Gerhard Wunsch
Zellulare Systeme

WTB

BAND 222

V. Schuricht

Kernexplosionen für friedliche Zwecke

Mit 37 Abbildungen und 24 Tabellen

AKADEMIE-VERLAG · BERLIN

Reihe MATHEMATIK UND PHYSIK

Verfasser:
Dr. rer. nat. habil. Volkmar Schuricht
Ordentlicher Professor für Experimentelle Physik
Technische Universität Dresden

1977
Erschienen im Akademie-Verlag, 108 Berlin, Leipziger Str. 3–4

Lizenznummer: 202 · 100/431/77
Herstellung: IV/2/14 VEB Druckerei
»Gottfried Wilhelm Leibniz«, 445 Gräfenhainichen · 4954
Bestellnummer: 762 451 5 (7222) · LSV 3274
Printed in GDR
DDR 8,– M

Geleitwort

Gegenwärtig wird vor allem in internationalen Gremien intensiv über die Möglichkeit der Nutzung von Kernexplosionen für friedliche Zwecke diskutiert.
Der Gouverneursrat der Internationalen Atomenergieorganisation hat im Jahre 1975 beschlossen, Problemen, die mit der Nutzung von Kernexplosionen für friedliche Zwecke zusammenhängen, besondere Aufmerksamkeit zu widmen. Er berief eine Sonderberatergruppe, die die Voraussetzungen prüfen soll, unter denen diese aussichtsreiche Technologie in Zukunft auch in Ländern angewendet werden kann, die selber nicht über nukleare Sprengvorrichtungen verfügen.

Das Erscheinen dieses Buches in diesem Augenblick is besonders zu begrüßen, da es zu einer breiten Information auf sachlicher Grundlage beitragen kann. Der Autor des Buches, Professor Dr. Schuricht, ist selber an der Arbeit der Sonderberatergruppe beteiligt und daher mit der von ihm behandelten Problematik bestens vertraut.

Georg Sitzlack

Präsident
des Staatlichen Amtes
für Atomsicherheit
und Strahlenschutz der DDR

Vorwort

Der Eintritt der Kernenergie in ihre Lebenssphäre wurde der Menschheit insbesondere durch die kriegerische Anwendung in Hiroshima und Nagasaki im Jahre 1945 bewußt. Dieses Ereignis führte dazu, daß auch der friedlichen Anwendung der Kerntechnik mit Mißtrauen, wenn nicht sogar mit Ablehnung, begegnet wurde. Seit rund zwanzig Jahren befaßt man sich nun auch damit, Kernexplosionen für friedliche Zwecke einzusetzen. In einem 1954 veröffentlichten Artikel des sowjetischen Wissenschaftlers G. Pokrowski [1] – er erschien kurz nach der Inbetriebnahme des ersten Kernkraftwerkes der Welt am 27. 6. 1954 in der Sowjetunion – wurden erstmals Möglichkeiten der friedlichen Anwendung von Kernexplosionen angedeutet. Mögen einige dieser Vorschläge damals wie heute utopisch erscheinen, sie haben einen Weg gezeigt, wie sich Kernexplosionen in Zukunft auch zum Nutzen der Menschen einsetzen lassen.

Der Vertrag über die Nichtweiterverbreitung von Kernwaffen, eines der grundlegenden Vertragswerke zur Verringerung der Atomkriegsgefahr, bestimmt in seinem Artikel V, daß die friedliche Anwendung von Kernexplosionen durch die Kernwaffen besitzenden Staaten auch für die Staaten zu sichern ist, die selber keine Kernwaffen besitzen. Mit dieser Festlegung soll erreicht werden, daß keine weiteren Staaten Kernsprengeinrichtungen entwickeln, auch nicht unter dem Vorwand, sie für friedliche Zwecke einsetzen zu wollen. Dadurch hängt die Anwendung von Kernexplosionen für friedliche Zwecke eng mit dem Problem der Abrüstung zusammen. Von großer Bedeutung für die friedliche

Nutzung nuklearer Explosionen ist der auf diesem Gebiet zwischen der UdSSR und den USA im Mai 1976 geschlossene Vertrag.

Bisher wurden einige Hundert Kernexplosionen für friedliche Zwecke durchgeführt. In zunehmendem Maße werden die dabei gesammelten Erfahrungen veröffentlicht und auf internationalen Tagungen der Internationalen Atomenergie-Agentur (IAEA) [2, 3, 4, 5, 6, 106] ausgetauscht. Einige Tausend Veröffentlichungen zur friedlichen Anwendung von Kernexplosionen sind bereits erschienen [7, 8].

Die führenden Länder bei der friedlichen Anwendung von Kernexplosionen sind die UdSSR, die USA und Frankreich, die sich intensiv und umfassend mit diesem Problem beschäftigen. Großbritannien, das als Kernwaffenland ebenfalls die technischen Voraussetzungen für eine selbständige Entwicklung auf dem Gebiet der friedlichen Kernexplosionen[1]) besitzt, sieht sich infolge seiner geographischen Lage bei den Anwendungen begrenzt. Trotzdem beteiligt es sich aktiv am Entwicklungsprogramm. Andere Länder, die keine eigenen nationalen Programme haben, sind an den Entwicklungen und den gesammelten Erfahrungen interessiert bzw. verfolgen bestimmte Projekte, selbst wenn sie keine Kernwaffen besitzen.

Im November 1976 tagte bereits zum fünften Male das Technische Komitee der IAEA für die friedlichen Anwendungen von Kernexplosionen, das den Stand und die Entwicklungstendenzen auf diesem Gebiet regelmäßig einschätzt. Auch in Zukunft werden solche Beratungen nützlich und notwendig sein [124]. Die Ergebnisse der letzten Tagung wurden in das bereits fertiggestellte Manuskript noch eingearbeitet.

---

[1]) Im weiteren wird die umständliche Bezeichnung „Kernexplosionen für friedliche Zwecke“ durch die – sprachlich zwar nicht einwandfreie – kürzere „friedliche Kernexplosionen“ ersetzt.

1975 nahm eine Sonderberatergruppe für friedliche Kernexplosionen beim Gouverneursrat der IAEA ihre Arbeit auf [9]. Diese Gruppe soll alle Aspekte der friedlichen Kernexplosionen beraten, die in die Kompetenz der IAEA fallen. Insbesondere soll sie sich mit Sicherheits- und Umweltfragen auseinandersetzen sowie mit den ökonomischen Aspekten derartiger Projekte im Vergleich zu nichtnuklearen Alternativen. Schließlich werden auch rechtliche Probleme behandelt, die zum Beispiel im Zusammenhang mit Dienstleistungen auf diesem Gebiet auftreten.

In der DDR beschäftigt man sich gegenwärtig nicht mit solchen Projekten. Auch in naher Zukunft wird sich daran nichts ändern. Trotzdem ist es erforderlich, daß sich die DDR mit dieser modernen Technologie, unabhängig von möglichen Anwendungen in der DDR, befaßt. Als hochentwickelter Industriestaat kann die DDR durch ihre Mitwirkung bei der Entwicklung der Technologie der friedlichen Kernexplosionen auf Grund ihrer Erfahrungen in alternativen konventionellen Technologien einen wirksamen Beitrag zur verantwortlichen Arbeit der IAEA auf diesem Gebiet leisten.

Es ist das Ziel dieses Buches, einen weiten Kreis von Interessenten aus verschiedenen Fachgebieten mit den Möglichkeiten und Problemen der friedlichen Kernexplosionen aus naturwissenschaftlich-technischer Sicht vertraut zu machen.

Herrn Dr. W. Rehak, z. Z. Wien, sei an dieser Stelle herzlich für die kritische Durchsicht des Manuskriptes und viele wertvolle Hinweise und Anregungen gedankt. Herzlicher Dank gebührt dem Akademie-Verlag Berlin, insbesondere der Lektorin Frau Trautmann, für die Förderung bei der Herausgabe des Buches.

Dresden, im November 1976

V. Schuricht

Inhaltsverzeichnis

0. Einleitung

Die Anwendung von Kernexplosionen für friedliche Zwecke ist in den letzten Jahren zunehmend in den Blickpunkt des Interesses getreten. Das ist darauf zurückzuführen, daß friedliche Kernexplosionen eine relativ billige Quelle konzentrierter Energiefreisetzung darstellen, die für solche wichtigen Aufgaben wie die Erschließung natürlicher Ressourcen und für die Bewegung riesiger Erd- und Gesteinsmassen nützlich eingesetzt werden kann. Dabei gibt es Anwendungsfälle, bei denen so große Explosionsstärken notwendig sind, daß größere Landstriche und die in ihnen lebende Bevölkerung schädlich beeinflußt werden können. Deshalb stellen die friedlichen Kernexplosionen nicht nur ein technisches und ökonomisches Problem dar, sie sind vielmehr auch ein Problem der Zuverlässigkeit und Sicherheit. In engem Zusammenhang damit sind die Einflüsse auf die Umwelt zu sehen. Folgen für die Umwelt und die Bevölkerung können nicht immer nur auf das Territorium des Landes beschränkt werden, in dem die Explosion durchgeführt wird. Juristische Fragen – insbesondere Fragen des internationalen Rechtes – spielen deshalb eine wichtige Rolle. Völkerrechtliche Aspekte im Zusammenhang mit dem Vertrag über die Nichtweiterverbreitung von Kernwaffen sind von besonderer Bedeutung für die Anwendung von Kernexplosionen für friedliche Zwecke. Deshalb haben die Staaten der sozialistischen Gemeinschaft Fragen der Sicherheit im weitesten Sinne des Wortes – von der technischen Sicherheit bis zur Sicherung des Weltfriedens – gerade auch bei der Anwendung von Kernexplosionen für friedliche Zwecke ständig in den Mittelpunkt ihrer Politik gestellt.

Die wissenschaftlich-technische Grundlage für jegliche friedliche Anwendung von Kernexplosionen ist das genaue Verständnis der Phänomenologie solcher Explosionen. Die qualitative und quantitative Vorhersage von beabsichtigten und Nebeneffekten bei friedlichen Kernexplosionen ist die Voraussetzung, um diese Methode zu einer zuverlässigen und sicheren Technologie zu entwickeln. Das setzt das gemeinsame Wirken von Wissenschaftlern und Technikern aus vielen Gebieten voraus, Gebieten, die mit der Kerntechnik kaum noch Berührungspunkte haben. Damit ist es aber auch möglich, daß sich solche Länder an der Entwicklung der Technologie für die friedliche Anwendung von Kernexplosionen beteiligen, die selber nicht über Kernwaffen verfügen und sich im Rahmen des Vertrages über die Nichtweiterverbreitung von Kernwaffen verpflichtet haben, solche auch nicht zu erwerben.

Dis bisherigen experimentellen und theoretischen Arbeiten haben dazu geführt, daß sich die friedliche Anwendung von Kernexplosionen bereits in manchen Fällen aus dem Stadium der Erörterung und prinzipiellen Prüfung zu einer einsatzbereiten Methode entwickelt hat. Gegenwärtig lassen sich die Aktivitäten auf dem Gebiete der friedlichen Kernexplosionen in drei Gruppen einteilen:

in eingeführte industrielle Anwendungen von friedlichen Kernexplosionen,

in Großversuche unter Feldbedingungen und

in Entwicklungsarbeiten im Laboratorium sowie theoretische Studien.

Bei den eingeführten industriellen Anwendungen handelt es sich um solche, deren technische Durchführbarkeit und ökonomische Nützlichkeit in der Praxis bereits bestätigt wurden. Dabei ist zu beachten, daß ein Vergleich friedlicher Kernexplosionen mit konventionellen Explosionen recht kompliziert ist und stark vom konkreten Anwendungsfall abhängt. Zu den eingeführten Methoden gehören die in der UdSSR durchgeführte Löschung von unkontrolliert brennenden Gassonden und die Schaffung eines Wasserreservoirs in einem Dürregebiet sowie die Versuche in mehreren Ländern zur Stimulation von Erdöllagern und die Bildung von Hohlräumen in Salzformationen zur Lagerung von verflüssigtem Gas.

Zu den Großversuchen unter Feldbedingungen sind zum Beispiel drei Explosionen in den USA zu zählen, die mit dem Ziel durchgeführt wurden, die Durchlässigkeit von Naturgas enthaltenden Formationen zu vergrößern. Eine ausgereifte Technologie zur Lösung dieses Problems würde die Gasförderung beträchtlich steigern helfen. Auch in der UdSSR wird an diesem Problem gearbeitet. Unterschiedlich weit gediehene Projekte betreffen den Kanalbau mittels Kernexplosionen in der UdSSR, in den USA, in Venezuela und in Thailand. Die Entwicklung dieser Projekte setzt neben der Lösung politisch-rechtlicher Fragen voraus, daß die Explosionseffekte für die speziellen Bodenbedingungen für große Explosionsstärken weiter untersucht werden.

Noch weiter von einer praktischen Verwirklichung entfernt sind Anwendungsbeispiele komplizierterer Art, die gegenwärtig im Laboratorium untersucht werden. Dazu zählen insbesondere Projekte zur in-situ-Gewinnung von Bodenschätzen. Solche Untersuchungen werden in der UdSSR und in den USA betrieben. Dazu gehören aber auch Anwendungen, die die Ausnutzung geothermischer Anomalien zur Wärmegewinnung, die Ablagerung radioaktiven Abfalls, den Dammbau u. a. betreffen.

Neben diesen industriellen Anwendungen gibt es auch Möglichkeiten, Kernexplosionen für wissenschaftliche Zwecke zu nutzen. Dabei sind vor allem die große Fluenz der Neutronen, die hohe Temperatur und der große Druck sowie die von solchen Explosionen verursachten seismischen Wellen von Interesse.

Ob sich im einen oder anderen Falle die friedlichen

Kernexplosionen als brauchbare Technologie durchsetzen können, hängt wesentlich von der Lösung technischer Sicherheitsprobleme ab. Negative Einflüsse sind durch die ionisierende Strahlung, durch die Bodenbewegung und Luftdruckwellen möglich.

Eine Strahlenbelastung der Bevölkerung und der an der Durchführung der Kernexplosion beteiligten Mitarbeiter infolge der unvermeidlichen Bildung radioaktiver Nuklide ist nicht nur in Unfallsituationen möglich, sondern in unterschiedlichem Maße auch bei einem normalen Ablauf einer solchen Explosion. Die gebildeten radioaktiven Stoffe können als radioaktiver Auswurf in die Atmosphäre oder ins Grundwasser gelangen bzw. das durch die Kernexplosion zu gewinnende Produkt radioaktiv kontaminieren. Sehr große Anstrengungen wurden und werden deshalb unternommen, die Strahlenbelastung durch technische und organisatorische Maßnahmen zu verringern.

Bezüglich mechanischer Effekte spielt vor allem die Bodenbewegung eine wichtige Rolle. Viele Erfahrungen konnten in den vergangenen Jahren gesammelt werden, um Schäden hinreichend genau vorhersagen zu können. Schäden durch Luftdruckwellen sind nur in wenigen Fällen und dann nur in unmittelbarer Nähe des Explosionszentrums von Bedeutung.

Auf der Generalkonferenz der Internationalen Atomenergie-Organisation im September 1975 brachte der Generaldirektor der IAEA, Dr. Sigvard Eklund, zum Ausdruck, daß die Staaten heute von der IAEA sowohl eine objektive internationale Beurteilung der Technik friedlicher Kernexplosionen als auch Dienstleistungen im Zusammenhang mit deren zwischenstaatlicher Weitergabe und internationaler Kontrolle erwarten.

In den folgenden Abschnitten werden die angedeuteten Probleme detaillierter dargestellt und die Grundlagen für die Anwendung friedlicher Kernexplosionen und der gegenwärtig erreichte Stand ihrer tatsächlichen Nutzung beschrieben.

1. Arten von Kernexplosionen für friedliche Zwecke

1.1. Technik der Kernexplosionen

1.1.1. Wissenschaftliche Grundlagen

Kernenergie kann auf zwei Arten gewonnen werden, durch Kernspaltung und durch Kernverschmelzung (Fusion). Diese beiden Möglichkeiten ergeben sich aus der Tatsache, daß nicht nur bei der Spaltung schwerer Kerne, sondern auch bei der Verschmelzung leichter Kerne Energie frei wird.

Auf Grund der Kräfte, die in einem Kern wirken, ist die Bindungsenergie je Nukleon in der in Abbildung 1

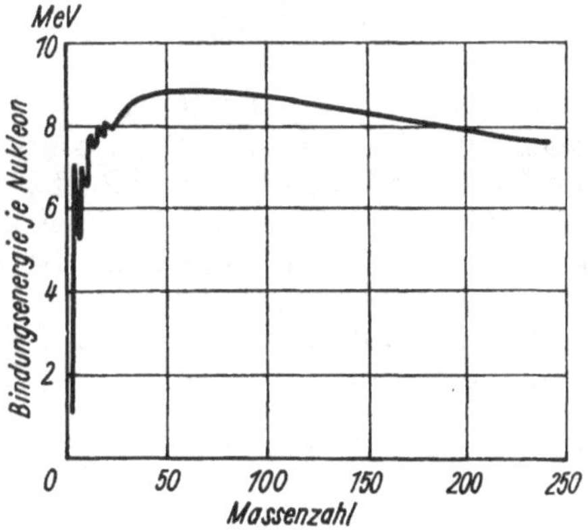

Abb. 1. Bindungsenergie je Nukleon in Abhängigkeit von der Massenzahl des Kerns

dargestellten Weise von der Massenzahl der Kerne abhängig. Verschmelzen leichte Kerne miteinander, dann ist die Bindungsenergie des Produktkernes größer als die Summe der Bindungsenergien der Ausgangskerne, weil die Bindungsenergie je Nukleon in diesem Bereich mit der Massenzahl wächst. Wenn nun die Bindungsenergie des Produktkernes größer ist als die der Ausgangskerne, wird bei einer solchen Reaktion Energie frei. Analog sind die Überlegungen bei der Spaltung schwerer Kerne. Sowohl bei der Kernverschmelzung als auch bei der Kernspaltung wird also Energie frei.

Obwohl die Kernspaltung für eine große Anzahl stabiler Kerne mit Massenzahlen über 100 exotherm verläuft, muß dem Kern eine bestimmte Aktivierungsenergie zugeführt werden. Diese Energie kann dem Kern durch energiereiche Neutronen übertragen werden, da diese nicht der elektrostatischen Abstoßung durch die positive Kernladung unterliegen. Kinetische Energie und freiwerdende Bindungsenergie des Neutrons liefern die erforderliche Aktivierungsenergie. Beim Beschuß von $^{235}_{92}U$ ist dagegen bereits die freiwerdende Bindungsenergie des Neutrons größer als die Aktivierungsenergie, so daß die Spaltung des $^{235}_{92}U$ auch mit thermischen Neutronen möglich ist.

Bei der Kernspaltung entstehen je Spaltung zwei, in einigen Fällen auch drei schwere Spaltbruchstücke sowie zwei bis drei Neutronen. In Abbildung 2 ist die Ausbeute der Spaltprodukte als Funktion der Massenzahl bei der Spaltung von $^{235}_{92}U$ mit thermischen Neutronen und mit 14-MeV-Neutronen dargestellt, in Tabelle 1 ist die mittlere Anzahl der je Spaltung freigesetzten Neutronen angegeben.

Tabelle 1. Mittlere Anzahl der je Spaltung freigesetzten Neutronen (nach [11])

Nuklid	$^{232}_{90}Th$	$^{233}_{92}U$	$^{235}_{92}U$	$^{238}_{92}U$	$^{239}_{94}Pu$
bei Spaltung mit thermischen Neutronen	–	2,51	2,47	–	2,90
bei Spaltung mit schnellen Neutronen	2,40	2,80	2,77	2,65	3,18

Die so entstandenen Spaltneutronen sind ihrerseits in der Lage, weitere Kerne zu spalten. Im allgemeinen

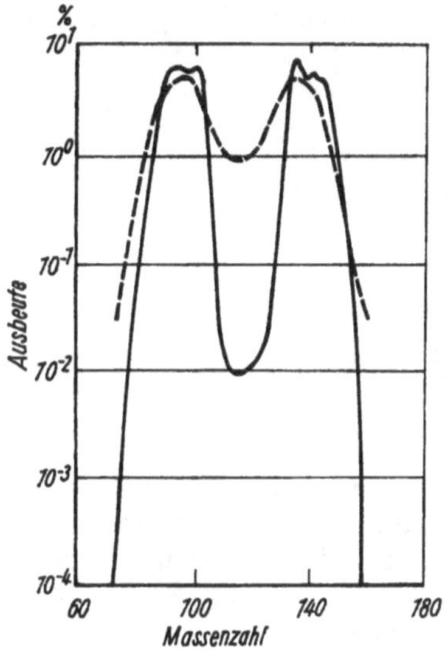

Abb. 2. Ausbeute an Spaltprodukten als Funktion der Massenzahl bei der Spaltung von $^{235}_{92}U$ mit thermischen Neutronen (ausgezogene Kurve) und 14-MeV-Neutronen (gestrichelte Kurve) (nach [10])

geht aber ein beträchtlicher Teil der Neutronen dadurch verloren, daß sie zum Beispiel von Kernen absorbiert werden, ohne eine Spaltung auszulösen, oder daß sie aus der Reaktionszone entweichen. Sorgt jeweils gerade *ein* Neutron aus einer Spaltungsreaktion dafür, daß ein weiterer Kern gespalten wird, ergibt sich eine stationär verlaufende Kettenreaktion, wie sie in Kernreaktoren stattfindet. Kommt es jedoch dazu, daß mehr als ein Neutron zur weiteren Kernspaltung in der Lage ist, kann eine unkontrollierte, lawinenartig anwachsende Kettenreaktion entstehen, die zu einer Kernexplosion führt. Voraussetzung dafür ist, daß eine genügende Menge des spaltbaren Stoffes – die sogenannte kritische Masse – vorhanden ist. Nur beim Vorliegen dieser Mindestmenge bleiben die Neutronenverluste so klein, daß das lawinenartige Anwachsen der Energie liefernden Spaltungsreaktionen nicht abbricht. Die kritische Masse hängt sowohl vom Spaltstoff, seiner chemischen Verbindung und Dichte als auch von seiner Form und dem Vorhandensein von Umhüllungen ab, die zum Beispiel die Neutronenbilanz durch Reflexion von Neutronen verbessern können.

Die Spaltung von ${}^{235}_{92}\mathrm{U}$ kann zum Beispiel nach folgenden Reaktionsgleichungen ablaufen:

$$ {}^{235}_{92}\mathrm{U} + n \rightarrow {}^{236}_{92}\mathrm{U}\,, $$

$$ {}^{236}_{92}\mathrm{U} \xrightarrow{\text{Spaltung}} {}^{139}_{54}\mathrm{Xe} + {}^{94}_{38}\mathrm{Sr} + 3n + Q\,. $$

Q bezeichnet dabei die Reaktionsenergie. Diese Energie wird frei, weil die Summe der Kernmassen auf der rechten Seite der Reaktionsgleichung kleiner ist als die des ${}^{236}_{92}\mathrm{U}$-Kerns. Dieser Massendifferenz ΔM entspricht wegen der Äquivalenz von Masse und Energie ein Energiebetrag von $Q = \Delta M c^2$, wobei c die Lichtgeschwindigkeit bezeichnet. Im vorliegenden Falle gilt zum Beispiel

$$ \begin{aligned} Q &= \Delta M\, c^2 \\ &= c^2\,(M_{{}^{236}_{92}\mathrm{U}} - M_{{}^{139}_{54}\mathrm{Xe}} - M_{{}^{94}_{38}\mathrm{Sr}} - 3M_{{}^{1}_{0}n}) \\ &= c^2\,(236{,}04558 - 138{,}91844 - 93{,}91547 - 3 \cdot 1{,}00867) \\ &\quad \times 1{,}66053 \cdot 10^{-27}\,\mathrm{kg} \\ &= 173\ \mathrm{MeV}. \end{aligned} $$

Wegen ihres großen Neutronenüberschusses sind die Spaltproduktkerne instabil, sie wandeln sich unter Emission von β^-- und γ-Strahlung in stabile Kerne um. Für das genannte Beispiel gelten folgende Zerfallsreihen:

$$ {}^{139}_{54}\mathrm{Xe} \xrightarrow{\beta^-} {}^{139}_{55}\mathrm{Cs} \xrightarrow{\beta^-} {}^{139}_{56}\mathrm{Ba} \xrightarrow{\beta^-,\,\gamma} {}^{139}_{57}\mathrm{La}\,, $$

$$ {}^{94}_{38}\mathrm{Sr} \xrightarrow{\beta^-} {}^{94}_{39}\mathrm{Y} \xrightarrow{\beta^-,\,\gamma} {}^{94}_{40}\mathrm{Zr}\,. $$

Bei der Spaltung schwerer Atomkerne können etwa 200 verschiedene Spaltprodukte auftreten. Ihre Halbwertszeiten sind meist sehr klein, einige besitzen aber auch Halbwertszeiten von einigen Jahren.

Als Kernspaltstoffe kommen außer ${}^{235}_{92}U$ auch ${}^{233}_{92}U$ und ${}^{239}_{94}Pu$ in Frage. ${}^{233}_{92}U$ bzw. ${}^{239}_{94}Pu$ werden in Brutreaktoren aus den in der Natur vorkommenden Nukliden ${}^{232}_{90}Th$ und ${}^{238}_{92}U$ gemäß den folgenden Reaktionsgleichungen gewonnen:

$$ {}^{232}_{90}\mathrm{Th}(n,\gamma)\,{}^{233}_{90}\mathrm{Th} \xrightarrow{\beta^-} {}^{233}_{91}\mathrm{Pa} \xrightarrow{\beta^-} {}^{233}_{92}\mathrm{U}\,, $$

$$ {}^{238}_{92}\mathrm{U}(n,\gamma)\,{}^{239}_{92}\mathrm{U} \xrightarrow{\beta^-} {}^{239}_{93}\mathrm{Np} \xrightarrow{\beta^-} {}^{239}_{94}\mathrm{Pu}\,. $$

Unmittelbar bei den Reaktionen, die zur Spaltung eines Atomkerns führen, entstehen γ-Strahlung und Neutronen. Da einige Spaltprodukte außerordentlich kurzlebig sind, kann man deren γ-Strahlung mit zu dieser Strahlung, der sogenannten Sofortkernstrahlung, hinzurechnen. Eine willkürfreie Einteilung der bei Kernexplosionen auftretenden Strahlung in die Sofortkernstrahlung und die Restkernstrahlung, das heißt die Strahlung der gebildeten Radionuklide, ist nicht möglich. Zur Sofortkernstrahlung rechnet man vereinbarungsgemäß die Strahlung, die in der ersten Minute nach einer Kernexplosion ausgesandt wird.

Über die gesamte Energiefreisetzung bei der Urankernspaltung gibt Tabelle 2 Auskunft.

Ein weiterer Prozeß, bei dem Kernenergie frei wird, ist die Kernverschmelzung oder Kernfusion. Damit eine Fusion leichter Kerne eintreten kann, müssen sich die reaktionsfähigen Kerne entgegen der elektrostatischen Abstoßungskraft auf sehr kleine Entfernungen nähern. Dazu ist es erforderlich, daß die zur Verschmelzung vorgesehenen Kerne eine große Relativgeschwindigkeit gegeneinander besitzen. Mit Beschleunigern lassen sich solche Geschwindigkeiten zwar erreichen, aber eine Energiegewinnung ist dabei nicht möglich. Bei der Kernfusion findet – im Gegensatz zur Energiegewinnung

Tabelle 2. Aufteilung der Spaltenergie (nach [12])

<table>
<tr><th colspan="3">Energiefreisetzung (in MeV je Spaltung)</th></tr>
<tr><th>prompt</th><th>verzögert</th><th>insgesamt</th></tr>
<tr><td>kinetische Energie der Spalttrümmer
=167</td><td>β-Strahlung der Spaltprodukte
=7</td><td>174</td></tr>
<tr><td>kinetische Energie der Spaltneutronen
=5</td><td>γ-Strahlung der Spaltprodukte
=7</td><td rowspan="3">23</td></tr>
<tr><td>γ-Strahlung bei der Spaltung
=8</td><td rowspan="2"></td></tr>
<tr><td>weitere Kernreaktionen (Einfang-γ-Strahlung)
=3</td></tr>
<tr><td></td><td>Neutrinoenergie*
=11</td><td>(11)</td></tr>
<tr><td colspan="2">Gesamte nutzbare Energie je Spaltung</td><td>197</td></tr>
</table>

* Infolge der geringen Wechselwirkung der Neutrinos mit Stoffen ist deren Energie nicht nutzbar.

auf der Grundlage der Kernspaltung – keine Kettenreaktion zur Aufrechterhaltung der Energie liefernden Prozesse statt, so daß wegen der Seltenheit von Verschmelzungsprozessen weder Energie gewonnen würde noch eine ständige Reaktion abliefe. Mit möglichst geringem Energieaufwand müssen alle zur Reaktion vorgesehenen Kerne die notwendige Geschwindigkeit erhalten. Dazu sind die entsprechenden Stoffe in den Plasmazustand zu überführen und auf eine genügend hohe Temperatur zu erhitzen.

Es sind verschiedene Kernverschmelzungsprozesse möglich, deren Reaktionszeit hinreichend klein ist. Dazu gehören zum Beispiel folgende Reaktionen:

$$^{2}_{1}\mathrm{D} + ^{3}_{1}\mathrm{T} \rightarrow ^{4}_{2}\mathrm{He} + ^{1}_{0}n + 17{,}6\ \mathrm{MeV}\,,$$

$$^{2}_{1}\mathrm{D} + ^{2}_{1}\mathrm{D} \rightarrow ^{3}_{1}\mathrm{T} + ^{1}_{1}\mathrm{H} + 4{,}0\ \mathrm{MeV}\,,$$

$$^{2}_{1}\mathrm{D} + ^{2}_{1}\mathrm{D} \rightarrow ^{3}_{2}\mathrm{He} + ^{1}_{0}n + 3{,}3\ \mathrm{MeV}\,,$$

$$
\begin{aligned}
&{}^{3}_{1}\mathrm{T} + {}^{1}_{1}\mathrm{H} \rightarrow {}^{4}_{2}\mathrm{He} && +19{,}8\ \mathrm{MeV}\,,\\
&{}^{6}_{3}\mathrm{Li} + {}^{2}_{1}\mathrm{D} \rightarrow {}^{7}_{3}\mathrm{Li} + {}^{1}_{1}\mathrm{H} && +\ 5{,}0\ \mathrm{MeV}\,,\\
&{}^{6}_{3}\mathrm{Li} + {}^{2}_{1}\mathrm{D} \rightarrow 2\,{}^{4}_{2}\mathrm{He} && +22{,}3\ \mathrm{MeV}\,,\\
&{}^{7}_{3}\mathrm{Li} + {}^{1}_{1}\mathrm{H} \rightarrow 2\,{}^{4}_{2}\mathrm{He} && +17{,}3\ \mathrm{MeV}
\end{aligned}
$$

u. a., wobei die erste Reaktion die wichtigste ist.

Die erforderliche Temperatur des Kernfusionsplasmas liegt bei etwa 10^7 K. Solche Temperaturen lassen sich zum Beispiel durch eine Kernexplosion auf der Grundlage der Kernspaltung erzeugen.

Zusammenfassend läßt sich feststellen, daß Kernenergie sowohl durch Kernspaltungs- als auch durch Kernverschmelzungsprozesse explosionsartig freigesetzt werden kann. Bei der Kernspaltung tritt die freiwerdende Energie auch in Form von ionisierender Strahlung auf. Diese wird als Sofortkernstrahlung, bestehend aus Neutronen und Photonen, und als Restkernstrahlung, bestehend aus Beta-Teilchen und Photonen, emittiert. Quelle der Restkernstrahlung sind die Spaltprodukte und sonstige Radionuklide. Bei der Kernverschmelzung entstehen zwar keine Spaltprodukte, jedoch ist ebenfalls mit einer intensiven Strahlung von Neutronen und Photonen zu rechnen.

1.1.2. Kernsprengstoffe

Kernspaltung und Kernfusion lassen sich nutzen, um Sprengeinrichtungen sehr großer Explosionsstärke herzustellen. Wenngleich das Aufbau- und Wirkungsprinzip solcher Anordnungen bekannt ist, werden Einzelheiten ihrer Konstruktion nach wie vor geheimgehalten. Es kann deshalb nur auf das Grundsätzliche von nuklearen Sprengeinrichtungen eingegangen werden.[1])

---

[1]) Zur Wirkungsweise von Kernsprengeinrichtungen aus militärischer Sicht und den Effekten von Kernexplosionen siehe z. B. [13, 14].

Das Grundprinzip einer Kernsprengeinrichtung auf der Basis der Kernspaltung besteht darin, daß mittels einer Explosionsvorrichtung zwei oder mehrere unterkritische Teilmassen eines Kernspaltstoffes in sehr kurzer Zeit zu einer überkritischen Spaltstoffmasse vereinigt werden. Im Ergebnis einer sich dadurch entwickelnden, lawinenartig ablaufenden Kettenreaktion wird Energie frei. Wieviel Energie bei einer bestimmten eingesetzten Kernspaltstoffmenge frei wird, hängt vom Aufbau der Kernsprengeinrichtung, insbesondere auch von den Eigenschaften ihrer Hülle ab. Die wichtigsten Teile einer Kernspaltungseinrichtung sind deshalb die Kernladung, die Explosionsvorrichtung und die Hülle.

Die Kernladung wird charakterisiert durch den verwendeten Spaltstoff, seine Masse und sein Volumen. Die Art des verwendeten Spaltstoffes ist für die zu erzielenden Explosionswirkungen von geringerer Bedeutung. Es kommen die Nuklide $^{233}_{92}U$, $^{235}_{92}U$ und $^{239}_{94}Pu$ in Frage. Konkrete Angaben zur kritischen Masse sind nur bei Kenntnis der Spaltstoffart, der Form der Kernladung, der Dichte des Kernsprengstoffs, seiner Reinheit sowie der Konstruktion der Explosionseinrichtung und der Hülle (s. u.) möglich. Die kritische Masse liegt in der Größenordnung von Kilogramm. Einfach berechnen läßt sich die Masse des umzusetzenden Kernspaltstoffes, die erforderlich ist, um eine bestimmte Explosionsstärke zu erzielen. Explosionsstärken werden üblicherweise auf die Energiefreisetzung von Trinitrotoluol (TNT) bezogen. Da

$$1 \text{ kg TNT} \mathrel{\widehat{\approx}} 1000 \text{ kcal} = 4{,}184 \text{ MJ}$$

gilt, ergibt sich für die gewöhnlich verwendete Einheit der Explosionsstärke bei Kernexplosionen, dem TNT-Äquivalent von einer Kilotonne (1 kt)[1]), folgende Um-

[1]) In der Literatur kommen auch die Abkürzungen 1 kt TNT oder 1 kt TNT-Äquivalent vor. Im weiteren wird als Einheit der Explosionsstärke stets die Bezeichnung 1 kt benutzt, da Verwechslungen nicht möglich sind.

rechnungsbeziehung

$$1\ \text{kt} = 4{,}184\ \text{TJ}\,.$$

Um eine Explosionsstärke von 1 kt zu erreichen, muß zum Beispiel eine Masse von 0,05 kg $^{235}_{92}U$ gespalten werden, da je Spaltung etwa 200 MeV $= 3{,}2 \cdot 10^{-11}$ J (1 eV $= 1{,}602 \cdot 10^{-19}$ J) frei werden. Diese Masse ist wesentlich kleiner als die kritische Masse, da die Energiefreisetzung nur mit einem Wirkungsgrad kleiner Eins abläuft. Genaue Aussagen über das Volumen einer Kernspaltungssprengeinrichtung sind deshalb auch aus diesem Grunde nicht möglich. Bei Explosionsstärken von einigen 10 kt sind jedoch Durchmesser der Sprengeinrichtung von wenigen 10^{-1} m möglich (siehe auch Abschnitt 2.1.2.).

Die Explosionsvorrichtung hat bei Kernspaltungssprengstoffen insbesondere die Aufgabe, die schnelle Vereinigung unterkritischer Teilmassen zu einer überkritischen Anordnung zu gewährleisten. Die Herstellung einer überkritischen Anordnung kann entweder dadurch erfolgen, daß die räumliche Anordnung unterkritischer Teilmassen (Abb. 3a und b) oder daß Gestalt bzw. Dichte des Spaltmaterials (Abb. 3c und d) verändert werden. Das „Zusammenschießen“ unterkritischer Teilmassen ist auf kleine Explosionsstärken beschränkt, da die Vereinigung zu vieler Teilmassen sich technisch ohne Effektivitätsverlust nicht verwirklichen läßt. Eine weitere Möglichkeit besteht darin, eine geschlossene, unterkritische Gesamtladung in Form eines Hohlkörpers (Abb. 3c) oder eines Materials geringer Dichte (Abb. 3d) durch Implosion zu einer überkritischen Anordnung zu machen. Es kommt darauf an, daß die Herbeiführung des überkritischen Zustandes möglichst augenblicklich erfolgt, damit das Spaltmaterial mit großem Wirkungsgrad ausgenutzt wird und der Energieerzeugungsprozeß in sehr kurzer Zeit abläuft. Um die Neutronenbilanz zu verbessern, die für den Ablauf der Kettenreaktion wesentlich ist, werden zusätzlich Neutronenreflektoren ver-

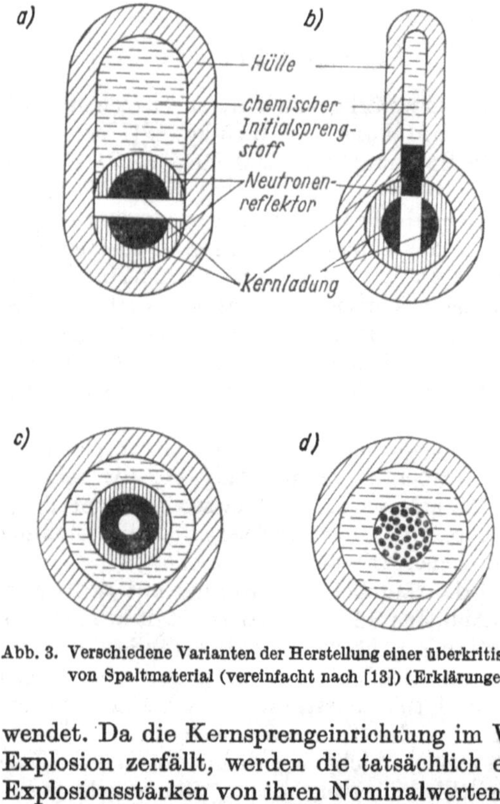

Abb. 3. Verschiedene Varianten der Herstellung einer überkritischen Anordnung von Spaltmaterial (vereinfacht nach [13]) (Erklärungen im Text)

wendet. Da die Kernsprengeinrichtung im Verlaufe der Explosion zerfällt, werden die tatsächlich erreichbaren Explosionsstärken von ihren Nominalwerten abweichen, weil geringe zeitliche Änderungen im Verlaufe der lawinenartig sich entwickelnden Kettenreaktion sehr stark die erzeugte Gesamtenergie beeinflussen.

Die Hülle einer Kernsprengeinrichtung hat die Aufgabe, die Kernladung und die Explosionsvorrichtung aufzunehmen, das Auseinanderfallen der Kernladung durch die Massenträgheit solange wie möglich zu verzögern und gegebenenfalls die Neutronenbilanz zu verändern.

Eine Sprengeinrichtung auf der Grundlage der Kernfusion bzw. unter wesentlicher Beteiligung von Kernfusionsvorgängen arbeitet in zwei oder mehr Phasen. In der ersten Phase des Explosionsvorganges wird mit einem oder mehreren Kernspaltungszündern die für eine Verschmelzungsreaktion notwendige „Zündtemperatur" erzeugt. Dann ist es in einer zweiten Phase möglich, die Reaktion der Verschmelzungspartner in Gang zu bringen und aufrecht zu erhalten. Für die Fusionsphase finden vor allem die Nuklide ^1_1H, ^2_1D, ^3_1T und ^6_3Li – elementar oder in Form chemischer Verbindungen wie $^2_1D_2O$, $^3_1T_2O$, $^6_3Li^2_1D$, $U^2_1D_3$, $U^3_1T_3$ usw. – Verwendung [13].

Im Prinzip besteht eine Zweiphasenfusionssprengeinrichtung aus dem Kernspaltungszünder, um den herum sich innerhalb der Hülle die Fusionsladung befindet. Um eine hohe Dichte der Deuterium-Tritium-Ladung zu erreichen, müßten bei Verwendung von reinem Deuterium bzw. Tritium diese Stoffe verflüssigt sein und im flüssigen Zustand in der Einrichtung gehalten werden. Es ist deshalb zweckmäßiger, daß die Fusionspartner in fester Form vorliegen und erst während der Reaktion gebildet werden. Zu diesem Zweck verwendet man als Kernsprengstoff Lithiumdeuterid $^6_3Li^2_1D$. Lithiumdeuterid ist eine feste, beständige und gut lagerfähige, großtechnisch billig herstellbare Verbindung. Durch die bei der Kernspaltung in der ersten Phase auftretenden Neutronen kommt es zu folgenden Kernreaktionen mit ^6_3Li und ^2_1D:

$$^6_3Li + ^1_0n \rightarrow ^4_2He + ^3_1T + 4{,}8\ \mathrm{MeV}\,,$$

$$^2_1D + ^1_0n \rightarrow ^3_1He \qquad + 6{,}2\ \mathrm{MeV}\,.$$

Im Rahmen der Verschmelzungsreaktionen laufen neben der Hauptreaktion

$$^3_1T + ^2_1D \rightarrow ^4_2He + ^1_0n + 17{,}6\ \mathrm{MeV}$$

auch die Reaktionen

$$^2_1D + ^2_1D \rightarrow ^3_1T \quad + ^1_1H + \ 4{,}0\ \mathrm{MeV}$$

bzw.

$$^2_1D + ^2_1D \rightarrow ^3_2He + ^1_0n + 3{,}3\ \text{MeV}$$

ab (siehe Abschnitt 1.1.1.). Bei den erreichten hohen Temperaturen liefern schließlich auch die folgenden Reaktionen Energie:

$$^6_3Li + ^2_1D \rightarrow 2\,^4_2He + 22{,}3\ \text{MeV}\,,$$
$$^3_1T + ^1_1H \rightarrow ^4_2He + 19{,}8\ \text{MeV}\,,$$
$$^6_3Li + ^2_1D \rightarrow ^7_3Li + ^1_1H + 5{,}0\ \text{MeV}\,.$$

Verschmelzungsreaktionen mit Lithiumverbindungen erfordern eine wesentlich höhere Anfangstemperatur für den hinreichend schnellen Verlauf der Reaktionen als bei einem reinen Deuterium-Tritium-Gemisch. Deshalb können zusätzlich zu der Lithiumdeuteridladung eine bestimmte Menge Deuterium und Tritium bzw. auch feste Lithiumtritidverbindungen eingesetzt werden.

Sehr große Explosionsstärken lassen sich durch Dreiphasensysteme verwirklichen. In der dritten Phase wird dabei $^{238}_{92}U$ durch die schnellen Neutronen gespalten, die bei den Verschmelzungsreaktionen entstehen. Das $^{238}_{92}U$ kann dabei entweder den Hauptteil der Hülle darstellen oder mit den Fusionsreaktionspartnern zum Beispiel auch eine Verbindung bilden.

Durch die Neutronen, die insbesondere bei der Explosion von Fusionssprengeinrichtungen auftreten, kann es geschehen, daß Bestandteile des Bodens oder Gesteins radioaktiv werden. Durch spezielle Umhüllungen ist es möglich, diese Neutronenaktivierung zu verringern (siehe Abschnitt 1.1.3.).

Die im Abschnitt 1.1.1. genannten Grundprozesse zur Erzeugung von Kernenergie lassen sich also in entsprechenden Einrichtungen zur Auslösung von Kernexplosionen nutzen. Obwohl Einzelheiten des Aufbaus solcher Kernsprengeinrichtungen nicht bekannt sind, kann man davon ausgehen, daß es sich um Sprengeinrichtungen sowohl auf der Grundlage der Kernspaltung als auch auf der Grundlage der Kernverschmelzung handelt, wobei beim letzteren Typ Zwei- und Dreiphasensysteme zu unterscheiden sind.

1.1.3. Wirkungen von Kernexplosionen

Durch die schnelle, konzentrierte Energiefreisetzung bei einer Kernexplosion erhitzt sich das Material im Explosionszentrum, verdampft und steht anfänglich unter einem großen Überdruck. Die Folge davon sind im allgemeinen Falle Licht- und mechanische Effekte verschiedener Art. Bei den friedlichen Kernexplosionen spielen die Wirkungen der Lichtstrahlung keine Rolle, weil sich das Explosionszentrum immer in der Erde befindet. Der Überdruck führt dazu, daß sich vom Zentrum eine Druckwelle ausbreitet, das heißt eine sich mit großer Geschwindigkeit fortpflanzende plötzliche und starke Verdichtung des Mediums. Die mechanische Wirkung kann genutzt werden, um Erdmassen zu bewegen, unterirdische Hohlräume zu schaffen oder Gestein zu zerkleinern oder anderweitig in seiner Struktur zu verändern. Auch die entstandene Wärme läßt sich im Rahmen der Anwendung von Kernexplosionen für friedliche Zwecke nutzen.

Bei allen friedlichen Kernexplosionen handelt es sich um solche, bei denen das Explosionszentrum unter der Erdoberfläche liegt. Die Wirkungen können auf das Erdinnere beschränkt bleiben oder die Erdoberfläche durchdringen. Für diese Explosionsarten gibt es verschiedene Bezeichnungen:

unterirdische Kernexplosionen, unterirdische Kernexplosionen mit innerer Wirkung oder eingeschlossene (contained) Kernexplosionen und

kratererzeugende Kernexplosionen oder unterirdische Explosionen mit äußerer Wirkung.

Ein Teil der Explosionsenergie kann nicht zur Erzielung mechanischer Effekte genutzt werden, mehr noch: dieser Energieanteil führt zu unerwünschten Nebenerscheinungen. Bei den Nebeneffekten handelt es sich um die Bildung von Radionukliden auf Grund verschiedener Entstehungsmechanismen. Besonders gefährlich ist die Entstehung radioaktiver Spaltprodukte bei der Kernspaltung. Bei der Kernverschmelzung entsteht radioaktives Tritium $^3_1$T. Quellen ionisierender Strahlung sind fernerhin nicht umgesetzte Spaltstoffe. Entstehung und Eigenschaften dieser Radionuklide wurden im Abschnitt 1.1.1. besprochen.

Radionuklide können außerdem durch die Wechselwirkung der Neutronen, die bei der Kernspaltung und Kernverschmelzung entstehen, gebildet werden. Befinden sich N_i Kerne der Sorte i in einem Neutronenfeld, das durch die Neutronenflußdichte φ charakterisiert wird, dann entstehen je Zeitelement $\varphi\sigma_i N_i$ radioaktive Kerne. σ_i bezeichnet den Querschnitt für Neutronenaktivierung; er ist ein Maß für die Wahrscheinlichkeit, daß ein radioaktiver Kern gebildet wird. Da die entstehenden radioaktiven Kerne aber entsprechend ihrer Halbwertszeit T_i bzw. ihrer Zerfallskonstanten $\lambda_i = 0{,}693/T_i$ zerfallen, gilt für die Anzahl radioaktiver Kerne N die Bilanzgleichung

$$\frac{\mathrm{d}N}{\mathrm{d}t} = \varphi\sigma_i N_i - \lambda_i N\,, \tag{1}$$

woraus sich die Aktivität A zur Zeit t zu

$$A = \lambda_i N = \varphi\sigma_i N_i\,(1 - \mathrm{e}^{-\lambda_i T_B})\,\mathrm{e}^{-\lambda_i t} \tag{2}$$

ergibt, wobei T_B die Bestrahlungszeit ist. Sind in einer Probe verschiedene Arten aktivierbarer Kerne enthalten und berücksichtigt man das Energiespektrum $\varphi_E(E)$ und die Energieabhängigkeit des Aktivierungsquerschnittes $\sigma_i(E)$, folgt schließlich

$$A = \int_E \mathrm{d}E\,\varphi_E(E) \sum_i \sigma_i(E)\,N_i\,(1 - \mathrm{e}^{-\lambda_i T_B})\,\mathrm{e}^{-\lambda_i t}\,. \tag{3}$$

Bei der Anwendung dieser Gleichung ist zu beachten, daß die räumliche Verteilung des Neutronenfeldes (φ_E) für jedes Volumenelement, das N_i Kerne enthält, bekannt sein muß. In vielen Fällen ist es erforderlich, auch Mehrfachaktivierungen zu berücksichtigen.

Damit die Neutronenaktivierung in der Nähe des Explosionsortes (Boden, Gestein) klein bleibt, ist es zweckmäßig, um die Sprengeinrichtung Hüllen anzubringen, die neben der Neutronenabsorption gleichzeitig für eine Moderierung sorgen. Als geeignetes Material hat sich Polyäthylen mit einem optimalen Bor-Anteil von etwa 30 Atom-Prozent erwiesen, das die Reaktion

$$^{10}_{5}\text{B} + ^{1}_{0}n \rightarrow ^{7}_{3}\text{Li} + ^{4}_{2}\text{He}$$

zur Absorption der langsamen Neutronen ausnutzt [15]. Bei Berechnungen ist die Aufheizung der Abschirmung (etwa 1 keV$\triangleq$1,1 · 10^7 K) zu beachten, da der ^{10}B-Absorptionsquerschnitt mit zunehmender Neutronenenergie stark ($\sim E^{-1/2}$) abnimmt. Auch Borkarbidschichten wurden als Neutronenabsorber angegeben.

Die beabsichtigten und unbeabsichtigten Wirkungen von Kernexplosionen sind für die verschiedenen Explosionsbedingungen unterschiedlich. Details werden deshalb gesondert in den Abschnitten 1.2., 1.3. und 1.4. behandelt.

1.2. Unterirdische Kernexplosionen

1.2.1. Phänomenologie unterirdischer Kernexplosionen

Der Ablauf einer Kernexplosion ist ein sehr komplizierter und komplexer Vorgang. Um die Anwendungsmöglichkeiten von Kernexplosionen beurteilen zu können, ist es notwendig, sowohl die Phänomenologie der Kernexplosionen zu verstehen als auch die Explosionseffekte – mindestens näherungsweise – quantitativ vorherzusagen. Bis zu einem bestimmten Zeitpunkt sind die Erscheinungen bei einer unterirdischen und bei einer kratererzeugenden Kernexplosion die gleichen. In weniger als einer Mikrosekunde nach der Explosion werden die Energie des Kernsprengstoffes und eine große Anzahl von Neutronen in das umgebende Medium abgegeben. Dadurch werden Temperaturen von über 10^6 K und Drücke von mehreren 10^{11} Pa erzeugt. Das Sprengmaterial und das umgebende Gestein verdampfen. Es entsteht eine kugelförmige Stoßwelle, deren Intensität anfangs ausreicht, weiteres Gestein zu verdampfen und zu schmelzen. Diese „Stoßverdampfung" tritt bei Silikatgestein bzw. Wasser bei Drücken der Größenordnung 10^{11} Pa bzw. 10^{10} Pa auf [16, 17]. Schließlich entfernt sich die Welle von dem gebildeten Hohlraum und zerkleinert dabei das Gestein in einer Schale um den Hohlraum. In größeren Abständen wird das Gestein gebrochen, von der „Bruchgrenze" an verhält es sich elastisch. Der Hohlraum selber dehnt sich so lange aus, bis der Druck im Inneren des Hohlraumes dem Druck durch das Gestein das Gleichgewicht hält (Etappen 1.1 und 1.2 bzw. 2.1 und 2.2 in Abb. 4).

Bei einer unterirdischen Explosion wird die Intensität der Überdruck- und Unterdruckwellen durch das darüber lagernde Gestein so weit reduziert, daß eine Kraterbildung verhindert wird. Die Druckwelle ist aber stark genug, daß sich der Hohlraum in Richtung zur Oberfläche ausbaucht. Der Hohlraum kann je nach dem Gesteinstyp, der Explosionsstärke und der Explosionstiefe Sekunden, Stunden oder Tage existieren. Wenn der Hohlraum einstürzt, wird ein „Kamin" gebildet. Dieser Kamin hat näherungsweise den gleichen Durchmesser wie der Hohlraum. Der Einsturz schreitet so weit nach oben fort, bis entweder der Hohlraum gefüllt ist oder bis das Gestein ein selbsttragendes Dach bildet (Etappen 1.3 und 1.4 in Abb. 4). Für eine Kernexplosion mit einer Stärke von 5 kt wurden in Granit für die ver-

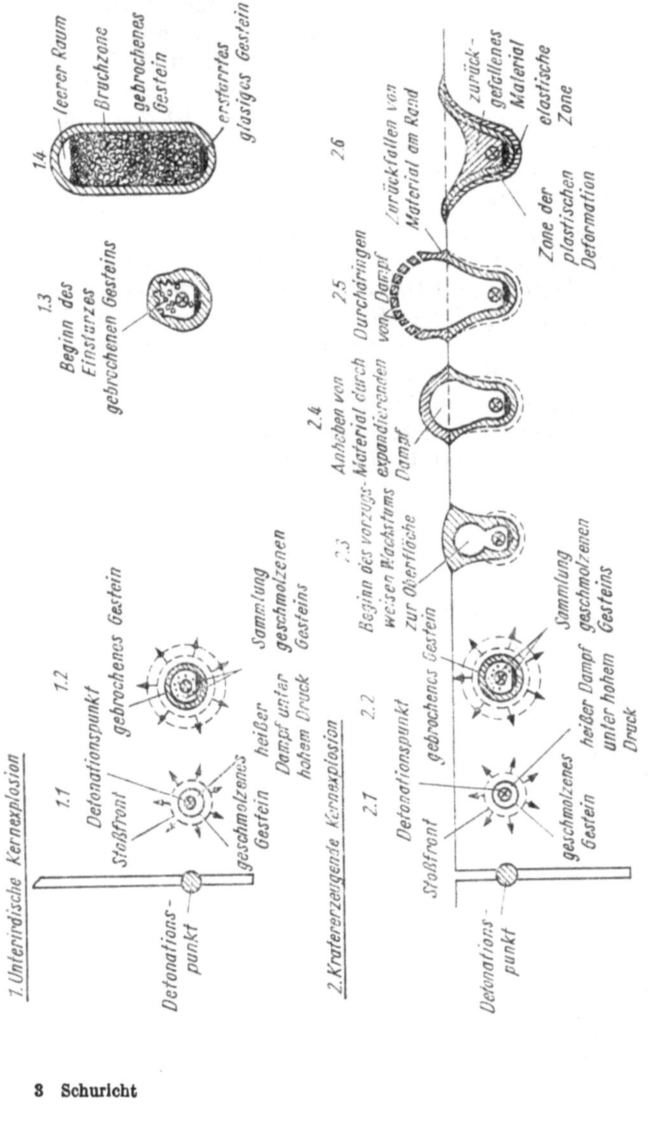

Abb. 4. Verschiedene Etappen beim Ablauf einer unterirdischen (1.) und einer kratererzeugenden (2.) Kernexplosion (nach [18])

schiedenen Stadien zum Beispiel folgende Zeiten nach der Explosion angegeben: Stadium 1.1 Größenordnung wenige Millisekunden, Stadium 1.2 50 Millisekunden und Stadium 1.3 3 Sekunden [19].

Bei unterirdischen Kernexplosionen wird der größte Teil der Energie in der Nähe des Explosionsortes als Wärme abgegeben, die wegen der schlechten Wärmeleitfähigkeit des Gesteins längere Zeit dort verbleibt. Dieser Effekt ist neben der Hohlraum- und Kaminbildung zum Beispiel bei der Erzeugung von Dampf in wasserführenden Schichten und CO_2 bei karbonathaltigen Gesteinen äußerst wichtig. Deshalb interessiert man sich dafür, wieviel Gestein wie stark und wie lange erhitzt wird. In Abbildung 5 sind für ein Experiment Temperaturverteilungen für verschiedene Zeiten angegeben.

Am Boden des Kamins befindet sich ein Gemisch von geschmolzenem Gestein (Lava) und zusammengebacke-

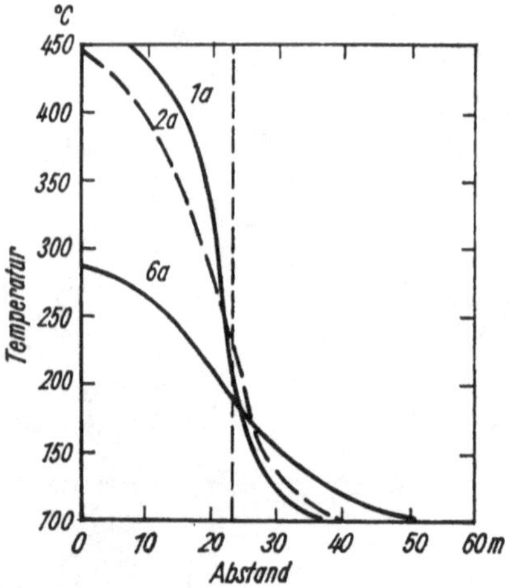

Abb. 5. Abhängigkeit der Temperatur vom Abstand vom Explosionszentrum für verschiedene Zeiten nach der Explosion beim Rulison-Experiment (Annahme einer Kugelsymmetrie und eines Hohlraumradius von 23 m) (nach [20])

nem Gesteinsschutt. Der von ihnen eingenommene Anteil des Kamins ist um so größer, je größer die Explosionstiefe ist; das verfügbare leere Volumen nimmt also mit zunehmender Tiefe ab. Die Masse der gebildeten Lava hängt von der Dichte des Gesteins ab und ist von der Explosionsstärke und -tiefe nahezu unabhängig. Bei Silikatgestein mit einer mittleren Dichte von 2,6 g/cm^3 werden etwa 1000 t Gestein je kt geschmolzen, wozu etwa 32% der Explosionsenergie erforderlich sind [20]. Für Granit wurde eine Masse von (1300 $\pm$ 300) t angegeben [21].

Die im Ergebnis einer unterirdischen Kernexplosion erzielten, für eine Anwendung geeigneten Effekte bestehen hauptsächlich in der Bildung eines Hohlraumes, eines Kamins sowie einer Bruchzone. Ferner läßt sich die erzeugte Wärme nutzen.

Bei der Durchführung von Kernexplosionen spielen ökonomische Betrachtungen eine wichtige Rolle. Der finanzielle Aufwand wird durch die Kosten für den Kernsprengstoff, für die Durchführung der Explosion, für die Vorbereitungsarbeiten und für die industrielle Nutzung des Kamins bestimmt. Während die beiden zuletzt genannten Kostenarten durch den konkreten Anwendungsfall stark beeinflußt werden, sind Preise für den Explosivstoff, seinen Transport zum Explosionsort und die Durchführung der Explosion leichter anzugeben (siehe Abb. 6).

In den letzten Jahren wurde eine Vielzahl von Grundlagenuntersuchungen durchgeführt, um die aus praktischen Experimenten gesammelten Erfahrungen theoretisch zu untermauern und zu verallgemeinern. So wurden zum Beispiel ein Modell des Brecheffektes bei Explosionen ausgearbeitet [22], der Spannungszustand ungebrochener Massen nach einer Explosion untersucht [23], Methoden zur Bestimmung der Durchlässigkeit von Gesteinsmassiven angegeben [114] und thermodynamische Probleme bei Kernexplosionen behandelt [24, 107]. Es erfolgte fernerhin die Erarbeitung der

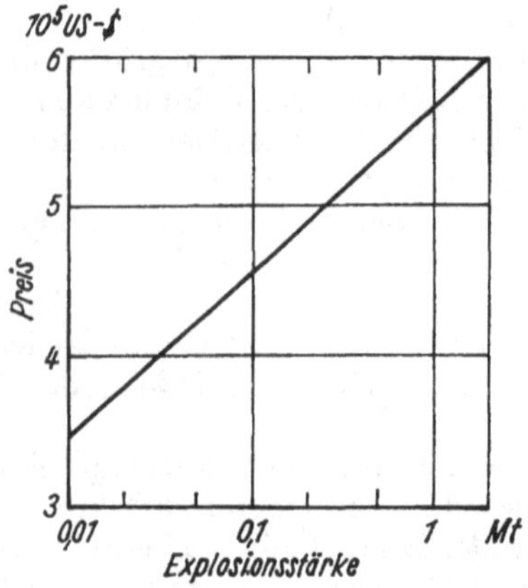

Abb. 6. Preise für thermonukleare Sprengstoffe für verschiedene Explosionsstärken (nach [19])

wissenschaftlichen und technologischen Grundlagen für die Bestimmung der Hauptparameter von unterirdischen Hohlräumen in Steinsalzformationen [25].

1.2.2. Abmessungen von Hohlraum und Kamin

Eine wesentliche Voraussetzung für die friedliche Anwendung von Kernexplosionen besteht darin, daß die Explosionseffekte hinreichend genau vorhergesagt werden können. Die Methoden zur Vorhersage der Abmessungen von Hohlraum und Kamin bei unterirdischen Kernexplosionen und der Abmessungen des Kraters bei kratererzeugenden Kernexplosionen wurden in den letzten Jahren beträchtlich verfeinert. Die entsprechenden Untersuchungen betreffen sowohl gründliche Auswertungen durchgeführter Versuchsexplosionen als auch theoretische Abschätzungen. So wurde zum Beispiel die Stoßwellenausbreitung bei unterirdischen Kernexplosionen numerisch simuliert, um die Abmessungen des Kamins usw. vorherzusagen. Es lassen sich brauchbare Vorhersagen machen, wenn aus Vorversuchen die Eigenschaften des Gesteins am Explosionsort bekannt sind [26, 27, 28].

Die Größe des Hohlraumradius r_H (in m) ist näherungsweise durch folgende Zahlenwertgleichung gegeben:

$$r_{\mathrm{H}} = \frac{c W^{1/3}}{(\varrho h_{\mathrm{E}})^{1/3\varkappa}} \,. \tag{4}$$

Dabei haben die Symbole (auch in den weiteren Gleichungen) folgende Bedeutung:

W Explosionsstärke (in kt),
ϱ mittlere Dichte des Deckgebirges (in g/cm^3),
h_E Dicke des Deckgebirges = Explosionstiefe (in m),
$\varkappa$ Verhältnis der spezifischen Wärmen des verdampften Gesteins,
c Konstante, die die Umgebung des Explosionsortes charakterisiert.

Nimmt man $\varkappa$ mit $^4/_3$ an, weichen die aus nahezu 50 Detonationen in den USA in vier Gesteinstypen mit stark variierenden Eigenschaften bestimmten c-Werte weniger als 23% vom mittleren Wert ab [6]. $\varkappa$ variiert etwas mit dem Feuchtigkeitsgehalt. Eine bessere Anpassung an experimentelle Ergebnisse ist möglich, wenn $\varkappa$ nicht konstant zu $^4/_3$ angenommen wird. Für verschiedene Gesteine sind in Tabelle 3 $\varkappa$- und c-Werte angegeben.

Tabelle 3. Einige Gesteinseigenschaften (nach [19])

Medium	Wassergehalt in %	Dichte in g/cm^3	$\varkappa$	c
Alluvium	12	1,9	1,125	45
Tuff	15	1,9	1,14	50
Granit	1	2,7	1,03	49
Salz	4	2,3	1,11	48
	0	2,3	1,07	47
Dolomit	0	2,3	1,03	42
Schiefer	3,6	2,35	1,06	49

Während der Kaminradius r_K ungefähr gleich dem Hohlraumradius r_H ist, sind für die Kaminhöhe h_K nur näherungsweise Angaben möglich (nach [6], siehe auch [29]):

$$r_K \approx r_H\,, \tag{5}$$

$$h_K = (4{,}4^{+1,8}_{-1,1})\, r_H\,. \tag{6}$$

Nach französischen Untersuchungen ähnelt der Hohlraum-Kamin-Komplex einem Ellipsoid mit der großen Achse $h_K = 2a \approx 4{,}5 r_H$ und der kleinen Achse $2r_K = 2b \approx \approx 2{,}8 r_H$ [29].

Die Bestimmung der Abmessungen der Bruchzone und der Durchlässigkeit ist zum Beispiel bei der Stimulierung natürlicher Gaslagerstätten besonders wichtig. So konnte festgestellt werden, daß sich die Bruchzone bis zu $8r_K$ über das Explosionszentrum und $2r_K$ darunter ausdehnt [30].

Angaben über experimentelle Werte für die Abmessungen des Hohlraumes, des Kamins usw. in verschiedenen Medien für 45 USA-Experimente (Experiment Rainier am 19. 9. 1957 bis Experiment Rulison am 10. 9. 1969), über die Mengen des dabei geschmolzenen und verdampften Gesteins usw. sind in der Literatur zu finden [31].

In zunehmendem Maße interessiert man sich für die Wirkung von Mehrfachexplosionen auf die Größe des Gebietes, in dem das Gestein gebrochen wird [32]. Solche Untersuchungen sind wichtig, weil die Kenntnis der Bedingungen, unter denen Mehrfachexplosionen ein durchgehend permeables Gebiet ergeben, für viele Anwendungen notwendig ist. Bei solchen Mehrfachexplosionen kann es sich um eine Folge von einzelnen Kernexplosionen oder um eine gleichzeitige Explosion mehrerer Kernsprengsätze (jeweils im gleichen Bohrloch) handeln.

Folgeexplosionen haben den Vorteil, daß bezüglich der seismischen Effekte größere Gesamtexplosionsstärken möglich sind als bei einer Einzelexplosion. Der Klärung bedarf noch die Frage, wie der Zeitabstand zwischen den Explosionen zu wählen ist. Das hängt aber von der Zeit ab, in der sich der vorhergehende Kamin voll ausgebildet hat.

Bisherige Untersuchungen haben gezeigt, daß sich dann eine durchlässige Verbindung bildet, wenn der zweite Sprengsatz 5 Hohlraumradien über dem ersten Hohlraum zur Zündung gebracht wird; oder anders ausgedrückt: Der Abstand der Sprengsätze muß 6 Hohlraumradien betragen, wenn kein Kamin gebildet wird, 8,5 Hohlraumradien, wenn ein Kamin mit der Höhe von 3,5 Hohlraumradien entsteht. Bei einer gleichzeitigen Explosion ist der – bezüglich Schaffung eines möglichst großen, durchlässigen Gesamtbereiches – optimale Abstand größer oder gleich 8 bis 10 Hohlraumradien [32].

1.3. Kratererzeugende Kernexplosionen

1.3.1. Phänomenologie kratererzeugender Kernexplosionen

Bei einer kratererzeugenden Kernexplosion wird der Kernsprengstoff in einer solchen Tiefe gezündet, daß der Hohlraum die Oberfläche durchbrechen kann (Abb. 4). Wenn die Stoßwelle die Oberfläche erreicht (2.3), beginnt der Hohlraum bevorzugt in Richtung zur Oberfläche zu wachsen. Die Explosion hebt die darüberliegende Gesteins- und Erdschicht an (2.4, 2.5), ein Teil davon fällt ins Innere zurück, der Rest bleibt außerhalb des Kraters (2.6).

Welche Kraterformen entstehen können, ist in Abbildung 7 dargestellt. Die Form *c* bezeichnet einen „umgekehrten" Krater, einen sogenannten „retaro". Zur genaueren Erläuterung sind die Größen, die zur Beurteilung eines Kraters erforderlich sind, in Abbildung 8

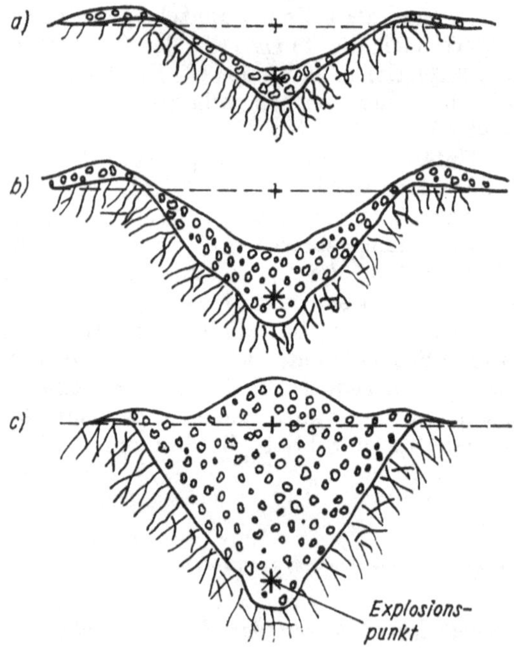

Abb. 7. Abhängigkeit der Kraterform von der Explosionstiefe (nach [33])

zusammengefaßt. Dabei haben die angegebenen Begriffe die nachstehend angegebene Bedeutung [34]:

Der *scheinbare Krater* (Abb. 8a und b) ist der Teil des sichtbaren Kraters (s. u.), der unter der Bodenoberfläche vor der Explosion liegt. Bei den meisten Anwendungen entspricht dieser scheinbare Krater dem auszuhebenden Volumen.

Der *wahre Krater* (Abb. 8a und c) wird durch die Grenze unterhalb der Bodenoberfläche vor der Explosion beschrieben, die loses, gebrochenes und zurückgefallenes Material und die darunter liegende Bruchzone voneinander trennt. Diese Grenze ist nicht genau anzugeben.

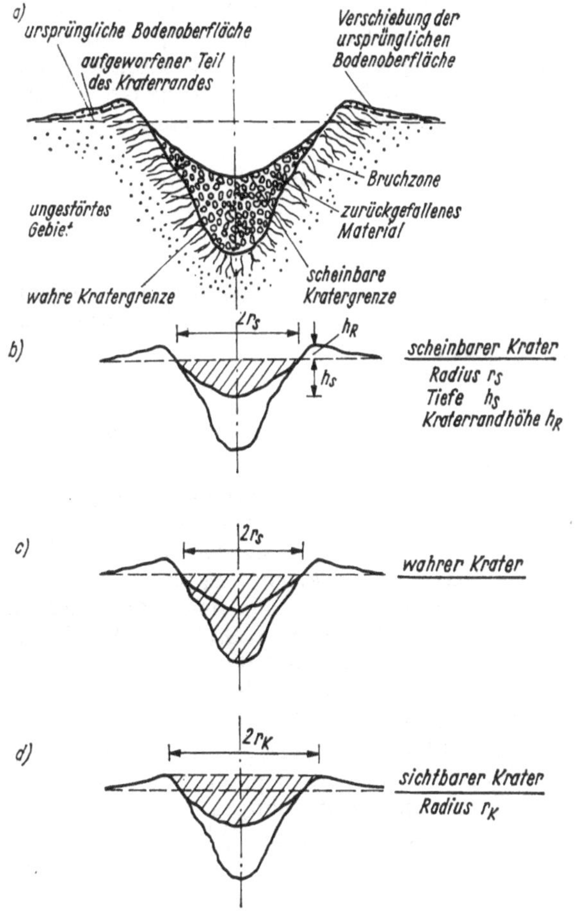

Abb. 8. Charakteristische Größen zur Beschreibung eines Kraters (nach [34])

Der *scheinbare Kraterrand* (Abb. 8a) besteht aus zwei Teilen: dem wahren und dem aufgeworfenen Rand.

Der wahre Rand wird durch die Verformung der Bodenoberfläche bestimmt, der andere Teil durch Ablagerung von ausgeworfenem Material auf dem wahren Kraterrand. Der scheinbare Kraterrand bestimmt die Grenze des sichtbaren Kraters über der Bodenoberfläche vor der Explosion.

Der *sichtbare Krater* (Abb. 8d) umfaßt schließlich den scheinbaren Krater und das Volumen zwischen dem scheinbaren Kraterrand über der Bodenoberfläche vor der Explosion.

Bei den einfachsten Anwendungen kratererzeugender Kernexplosionen wird eine einzelne Kernladung gezündet. Es gibt aber auch wichtige Beispiele, bei denen komplizierte Kraterprofile notwendig sind. Anordnung und Stärke mehrerer Kernladungen müssen in solchen Fällen dem Anwendungszweck angepaßt werden. In Abbildung 9 sind verschiedene Möglichkeiten zur Bewegung von Boden- und Gesteinsmassen gezeigt.

In den vergangenen zwei Jahrzehnten fand eine Vielzahl kratererzeugender Sprengungen mit herkömmlichen chemischen und nuklearen Sprengstoffen statt. In den USA waren es zum Beispiel die 6 kratererzeugenden Kernexplosionen Danny Boy, Sedan, Sulky, Cabriolet, Buggy und Schooner sowie 7 Kraterexperimente mit chemischen Sprengstoffen Pre-Buggy, Pre-Schooner, Dugout, Pre-Schooner II, Pre-Gondola, Tugboat und Trinidad D-4 [34]. Auch in Frankreich wurde die Kraterbildung mit chemischen Mitteln ausführlich untersucht, um die Abmessungen von Explosionskratern in Boden und Gestein in Abhängigkeit von den Abmessungen und Eigenschaften der chemischen Sprengstoffe und den mechanischen Eigenschaften der Böden und Gesteine zu erhalten [35]. Für die praktische Anwendung interessiert insbesondere die Stabilität der Kraterwände, daneben aber auch die ausgeworfenen Massen und ihre Größenverteilung. Im Ergebnis dieser Experimente und von Modellversuchen sowie mit Hilfe von Rechenprogrammen wurden viele Erfahrungen ge-

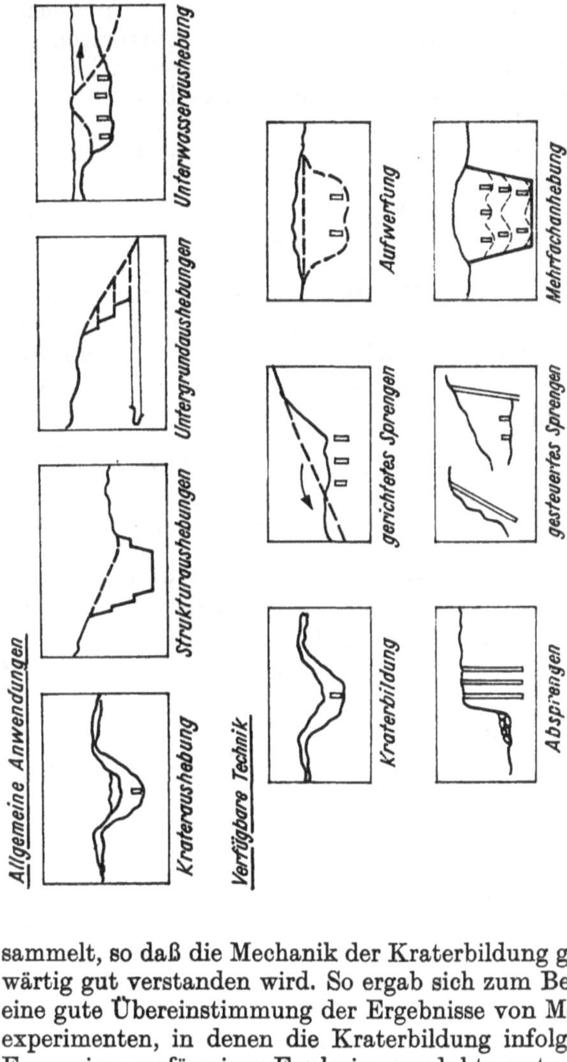

Abb. 9. Anwendungsmöglichkeiten von kratererzeugenden Kernexplosionen zur Bewegung von Boden- und Gesteinsmassen (nach [33])

sammelt, so daß die Mechanik der Kraterbildung gegenwärtig gut verstanden wird. So ergab sich zum Beispiel eine gute Übereinstimmung der Ergebnisse von Modellexperimenten, in denen die Kraterbildung infolge der Expansion gasförmiger Explosionsprodukte untersucht wurde, mit denen von starken nuklearen Explosionen [36]. Insbesondere sind theoretische Untersuchungen auf der Grundlage numerischer Rechnungen geeignet, die Physik der Kraterbildung zu erforschen.

Mit Hilfe von theoretischen Untersuchungen wurde zum Beispiel der Einfluß der Materialeigenschaften auf den Prozeß der Kraterbildung bestimmt [37]. Die wichtigste Materialeigenschaft für den Kraterbildungsprozeß ist der Wassergehalt, gefolgt von der Festigkeit, Porosität und der Kompressibilität. Die Berechnungen zeigten ferner, daß im Mt-Bereich die Gasbeschleunigung der dominierende Mechanismus ist, der die Kraterabmessungen bestimmt. Auch bei diesen Untersuchungen war eine gute Übereinstimmung mit experimentellen Ergebnissen festzustellen.

Viel Arbeit wird auch auf Untersuchungen verwendet, um die nuklearen Explosionseffekte bei kratererzeugenden Kernexplosionen nicht nur rechnerisch vorauszusagen, sondern auch, um Ähnlichkeiten zwischen diesen Effekten und denen durch herkömmliche Explosivstoffe hervorgerufenen zu ermitteln. Chemische Sprengstoffe lassen sich bequem und ökonomisch zur Modellierung von Kernexplosionseffekten nutzen.

So wurden zum Beispiel die Explosionseffekte von chemischen und nuklearen Sprengstoffen in Tonschiefer berechnet [17]. Bei diesen Berechnungen wurde das elastische, plastische und inelastische Verhalten der Materialien sowie das im flüssigen und gasförmigen Zustand in die Betrachtung einbezogen. Die Berechnungen wurden auf geringe Explosionsstärken beschränkt, um die Ergebnisse gegebenenfalls mit Feldversuchen bestätigen zu können.

Das Ziel solcher Untersuchungen besteht darin, Ähnlichkeitskriterien zu suchen, die den Vergleich chemischer und nuklearer Sprengstoffe gestatten. Es wird natürlich unmöglich sein, alle Effekte zu simulieren, weil die Energie liefernden Quellen unterschiedliche Eigenschaften besitzen. Bestenfalls ist zu erreichen, daß die primären Effekte wie die Kraterabmessungen und die Fehler durch Vernachlässigung der sekundären Effekte ermittelt werden können. Für eine möglichst gute Simulierung muß die Phänomenologie der Kraterbildung beider Energiequellen verstanden werden.

Die kugelförmig sich ausbreitende Stoßwelle und die sich ausdehnenden verdampften Gesteins- und Wassermassen sind die Haupttriebkräfte zur Bildung des nuklearen Kraters. Bei einer Explosion von chemischem Sprengstoff ist die Detonation nach etwa 1 ms abgeschlossen. Der mittlere Druck, der im Hohlraum durch die gasförmigen Explosionsprodukte gebildet wird, ist kleiner oder in der Größenordnung von 10^{10} Pa, so daß weder Wasser noch Gestein in wesentlichem Umfang um den Explosionsort „stoßverdampft" werden.

Bei einer nuklearen Explosion entstehen zwar viel größere Drucke, aber nur eine relativ kleine zusätzliche kinetische Energie, die für die Kraterbildung maßgebend ist. Die Stoßwelle wird also bei einer Kernexplosion nicht so effektiv auf das Medium übertragen, ein großer Teil geht durch Stoßerhitzung verloren. In Abbildung 10 sind die Verhältnisse schematisch dargestellt. Eine Sprengeinrichtung auf der Grundlage chemischer Sprengstoffe wird dann am besten eine Kernsprengeinrichtung simulieren, wenn sie eine geringere Explosionsstärke besitzt als die Kernsprengeinrichtung.

Ein Modell, das die wesentlichen Vorgänge bei einer kratererzeugenden Kernexplosion beschreibt, muß den Zertrümmerungsmechanismus, die Gasbeschleunigung der Erdmassen, das Auswerfen des Materials und die endgültige Bildung eines stabilen Kraterrandes (Neigung!) berücksichtigen. Durch die Rechnungen konnte für die untersuchten Beispiele gute Übereinstimmung mit den experimentellen Werten von Testexplosionen mit chemischem Sprengstoff (Nitromethan) bezüglich Spitzendruck, Teilchenspitzengeschwindigkeit und Kraterabmessungen erreicht werden. In Tabelle 4 sind

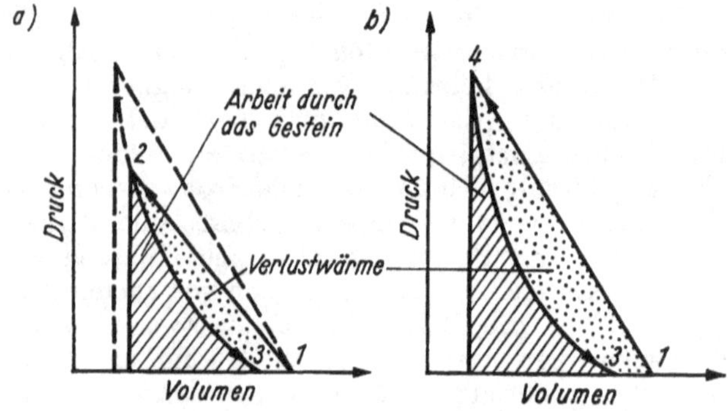

Abb. 10. Energieumsetzungen im Gestein bei der Explosion eines chemischen (a) und eines nuklearen (b) Sprengstoffes (nach [17])
1 – Anfangszustand
2 – Endzustand bei einem Spitzendruck von etwa 10^{10} Pa
3 – Zustand nach Druckabnahme
4 – Endzustand bei einem Spitzendruck von etwa 10^{11} Pa

rechnerische und experimentelle Ergebnisse gegenübergestellt. Der rechnerische Vergleich einer angenommenen Kernsprengeinrichtung mit einer herkömmlichen zeigt, daß Ähnlichkeit dann vorliegt, wenn chemischer Spreng-

Tabelle 4. Vergleich experimentell bestimmter und berechneter Kraterabmessungen (nach [17])

Größe	Experiment	Berechnung
Explosionsstärke	19,26 t	20 t
Explosionstiefe	12,95 m	12,5 m
scheinbarer Kraterradius	24,8 m	26,3 m
scheinbare Kratertiefe	9,91 m	12,0 m
Kraterradius	31,0 m	31,3 m
mittlere Höhe des Kraterrandes	4,4 m	3,1 m
scheinbares Kratervolumen	$8{,}16 \cdot 10^3$ m^3	$1{,}13 \cdot 10^4$ m^3
Kratervolumen	$1{,}97 \cdot 10^4$ m^3	$1{,}86 \cdot 10^4$ m^3

stoff mit der halben Explosionsstärke wie der von nuklearem Sprengstoff verwendet wird (Tabelle 5).

Der bisher größte Krater wurde 1962 im Rahmen des Sedan-Projektes erzeugt, bei dem eine einzelne Kern-

Tabelle 5. Vergleich berechneter Kraterabmessungen bei der Explosion von chemischem und nuklearem Sprengstoff (nach [17])

Größe	chemischer Sprengstoff	nuklearer Sprengstoff
Explosionsstärke	10 t	20 t
Explosionstiefe	12,5 m	12,5 m
scheinbarer Kraterradius	21,7 m	21,7 m
scheinbare Kratertiefe	9,4 m	9,9 m
Kraterradius	27,8 m	27,8 m
Höhe des Kraterrandes	3,2 m	3,5 m
scheinbares Kratervolumen	6080 m³	6370 m³

ladung von 100 kt in 194 m Tiefe zur Explosion gebracht wurde. Der Kraterdurchmesser betrug 185 m, die Kratertiefe 98 m [19]. Bei der indischen Kernexplosion am 18. 5. 1974, bei der eine Pu-Sprengeinrichtung in 107 m Tiefe mit einer Stärke von 12 kt explodierte, entstand ein Krater von 10 m Tiefe mit einem mittleren Radius von 47 m [38].

Für viele Anwendungen sind Serienexplosionen zweckmäßig. Ein Beispiel war das Buggy-Experiment 1968, das erste Serienexplosionsexperiment mit fünf Kernladungen [18]. In der UdSSR wurde eine nukleare Reihenexplosion in alluvialem Gestein auf der Route des Petschora-Kolwa-Kanals durchgeführt. Drei Kernsprengsätze von je 15 kt wurden in etwa 165 m Abstand und etwa 127 m Tiefe zur Explosion gebracht. Damit wurde ein Krater von 700 m Länge, 340 m Breite und 10 bis 15 m Tiefe bei einer Randneigung von 8 bis 10° erzeugt. [39]

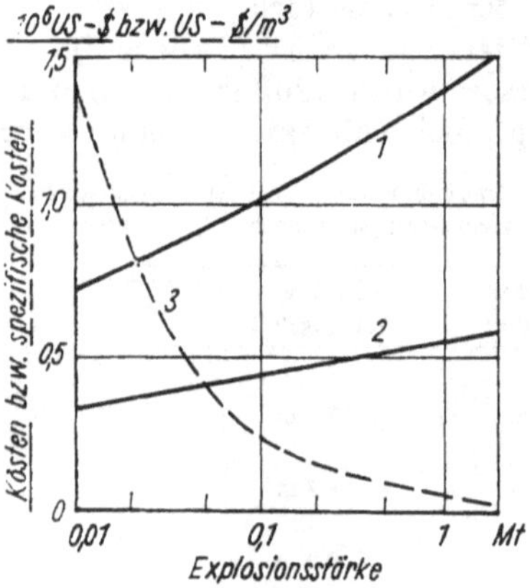

Abb. 11. Gesamtkosten (1) bzw. Kosten für den Sprengstoff (2) und spezifische Kosten (3) für verschiedene Explosionsstärken für hartes Gestein (nach [19])

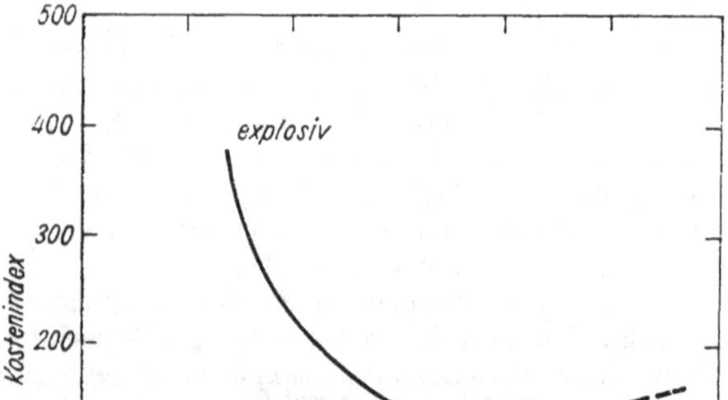

Abb. 12. Kostenentwicklung für konventionelle und explosive Aushebungen (nach [33])

Die ökonomischen Betrachtungen bei der Anwendung von Kernexplosionen für friedliche Zwecke müssen für jeden konkreten Anwendungsfall durchgeführt werden. Eine Vorstellung von den anfallenden Kosten vermittelt Abbildung 11. Die Kostenentwicklung für konventionelle und explosive Aushebungen zeigt Abbildung 12.

1.3.2. Abmessungen des Kraters

Die Abmessungen eines Kraters hängen von dem Umgebungsmaterial, der Explosionstiefe und der Explosionsstärke ab. Bei einem gegebenen Material und einer bestimmten Explosionsstärke gibt es bei bestimmten Explosionstiefen maximale Kraterabmessungen.

Die Explosionsstärke kann auf Grund der Erfahrungen dadurch eliminiert werden, daß reduzierte Werte r_K^*, h_K^* und h_E^* für Kraterradius r_K, Kratertiefe h_K und Explosionstiefe h_E gemäß den Beziehungen[1]

$$r_K^* = \frac{r_K}{W^{0,3}}, \tag{7}$$

$$h_K^* = \frac{h_K}{W^{0,3}} \tag{8}$$

und

$$h_E^* = \frac{h_E}{W^{0,3}} \tag{9}$$

eingeführt werden [19]. Es zeigt sich dann, daß bei einem bestimmten Gestein die reduzierten Werte für die Kraterabmessungen nur von der reduzierten Explosionstiefe abhängen.

---

[1]) Unabhängig davon, ob für den Exponenten der Explosionsstärke in den folgenden Gleichungen in der Literatur der Wert 1/3,4 oder 0,3 angegeben ist, wird stets 0,3 geschrieben.

Maximale Kraterabmessungen erhält man, wenn die Explosionstiefe gemäß der Beziehung

$$h_E^* \approx (40 \ldots 50) \frac{\text{m}}{\text{kt}^{0,3}} \tag{10}$$

gewählt wird. Je größer die Explosionsstärke ist, desto größer muß also die Explosionstiefe sein [19].

Der Vergleich der Kraterabmessungen bei drei verschiedenen Gesteinsarten (trockenes Gestein, Alluvium, Schiefer) zeigt, daß die Unterschiede in den physi-

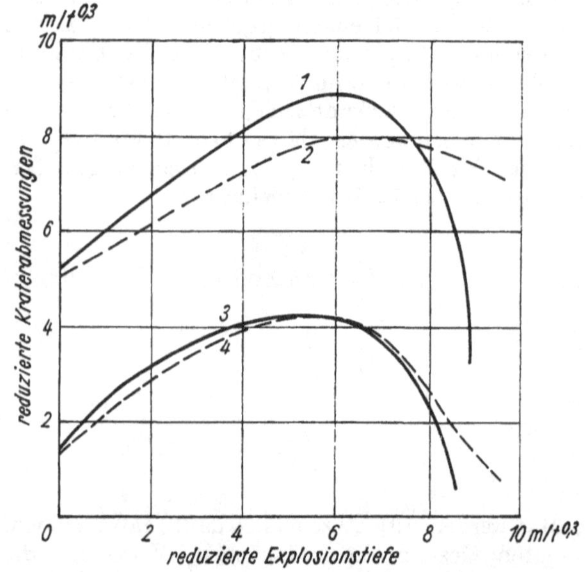

Abb. 13. Zum Einfluß des Wassergehaltes auf die Kraterabmessungen (nach [33])

1 – r_K^*, Tonschiefer, gesättigt

2 – r_K^*, Alluvium, trocken

3 – h_K^*, Tonschiefer, gesättigt

4 – h_K^*, Alluvium, trocken

kalischen Eigenschaften die Kraterabmessungen stärker beeinflussen als mögliche Differenzen im Explosionsstärkeexponenten [40]. In Abbildung 13 ist zum Beispiel der Einfluß des Wassergehaltes auf die Kraterabmessungen dargestellt, wie er aus Untersuchungen mit herkömmlichen Explosivstoffen ermittelt wurde.

Die Tiefe eines „retarc" kann in trockenem, hartem Gestein mit

$$h_R \approx 60 W^{0,3} \qquad (11)$$

angegeben werden. In nassem Gestein ist diese Tiefe wahrscheinlich etwas größer [40]. Das maximale Volumen gebrochenen Gesteins wird bei einer Explosionstiefe

$$h_E^* = \frac{h_E}{W^{0,3}} \approx (60 \ldots 80) W^{0,3} \qquad (12)$$

gebildet [19].

Welchen Stand die Vorhersagetechnik erreicht hat, läßt sich am Beispiel des Projektes Buggy (12. 3. 1968) zeigen, bei dem erstmals eine Serienexplosion zur Bestätigung des Grundkonzeptes für den Kanalbau durchgeführt wurde. In Tabelle 6 sind vorhergesagte und tatsächliche Abmessungen gegenübergestellt.

Tabelle 6. Kraterabmessungen beim Buggy-Experiment (nach [18])

	Länge in m	Breite in m	Tiefe in m
Vorhergesagter Wert	263	80	20
Gemessener Wert	261	77	20

Die Kraterbildung durch Reihenexplosionen ist effektiver, als wenn mehrere Einzelladungen zur Explosion gebracht werden. Der entsprechende Verstärkungseffekt ist um so größer, je kleiner das Verhältnis von Ladungsabstand zum optimalen Einzelkraterradius ist. Komplizierte Anwendungen erfordern unter Umständen sogar die Benutzung mehrerer Reihenexplosionen oder eine Verzögerung der einzelnen Explosionen bzw. der Reihenexplosionen gegeneinander. Verzögerungen in der Größenordnung von 10 ms verändern die Größe des Kraters nur in diskutablen Grenzen. Solche speziellen Explosionsarten können erforderlich werden, um den gewünschten Explosionseffekt zu erreichen, minimale Kosten zu gewährleisten und um unerwünschte Nebeneffekte (wie seismische Wirkungen) zu begrenzen. [33]

1.4. Sonstige Kernexplosionen

Bestimmte Anwendungen erfordern Kernexplosionen, die von den beiden beschriebenen Grundtypen abweichen. Von besonderem Interesse sind dabei kratererzeugende Kernexplosionen am Meeresboden. Ein derartiger Einsatz von Kernexplosionen ist deshalb so attraktiv, weil Unterwasseraushebungen zu den teuersten Baumaßnahmen gehören. Die Explosionseffekte bei solchen kratererzeugenden Unterwasserexplosionen unterscheiden sich jedoch von denen an der Bodenoberfläche. Dabei sind vor allem folgende Fragen von Bedeutung [33]:

der Einfluß der Materialeigenschaften auf den Kraterbildungsvorgang in einer Wasserumgebung, insbesondere der Einfluß auf die Form des scheinbaren Kraters,

der Einfluß der Wasserdeckschicht auf die Abmessungen des scheinbaren Kraters und des Kraterrandes, soweit ein solcher Rand entsteht, und

die mechanischen Wirkungen (Wellenhöhe, Luftdruck, seismische Wellen) einer Unterwasserexplosion.

In Abbildung 13 ist bereits gezeigt worden, welchen Einfluß der Wassergehalt auf die Kraterabmessungen besitzt. In Modellversuchen mit weichem Beton zur Gesteinssimulierung und einer darüber liegenden Wasserschicht wurde weiterhin versucht, die Dicke der Wasserschicht als zusätzliche äquivalente Gesteinsschicht zu berücksichtigen. In diesem Falle wird die äquivalente

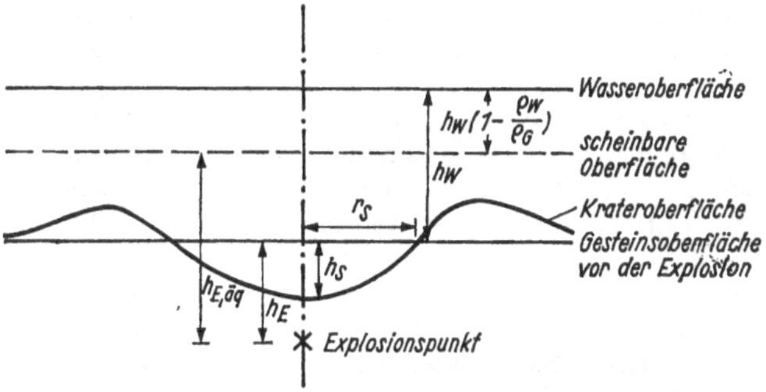

Abb. 14. Zur Definition von Äquivalentgrößen bei Unterwasserexplosionen (nach [33])

h_W — Wassertiefe

$h_W\left(1-\frac{\varrho_W}{\varrho_G}\right)$ — Entfernung der scheinbaren Oberfläche von der Wasseroberfläche

ϱ_W — Dichte des Wassers

ϱ_G — Dichte des Gesteins

h_E — Explosionstiefe unter der Gesteinsoberfläche

$h_{E,äq}$ — äquivalente Explosionstiefe

r_S — Radius des scheinbaren Kraters

h_S — Tiefe des scheinbaren Kraters

Explosionstiefe von einer scheinbaren Oberfläche, die unter der Wasseroberfläche liegt (Abb. 14), aus gerechnet. Die Ermittlung der Kraterabmessungen wird damit auf Explosionseffekte in trockenem Boden zurückgeführt. Alle diese Untersuchungen sind noch im Gange.

2. Anwendungen von Kernexplosionen für friedliche Zwecke

In den letzten Jahren wurden viele Erfahrungen durch theoretische und experimentelle Untersuchungen und durch erste praktische Anwendungen friedlicher Kernexplosionen gesammelt. Damit ist es gegenwärtig möglich, daß in vielen Fällen nicht nur die prinzipielle

Durchführbarkeit einer Kernexplosion eingeschätzt werden kann, sondern es sind auch die erforderlichen Angaben bezüglich der Sicherheit, des Strahlen- und Umweltschutzes sowie über ökonomische Konsequenzen verfügbar. Ökonomische Fragen friedlicher Kernexplosionen abzuhandeln, ist nicht Aufgabe der vorliegenden Darstellung. Im weiteren werden zunächst erprobte bzw. ins Auge gefaßte technische und industrielle Anwendungen friedlicher Kernexplosionen sowie die wissenschaftliche Nutzung dieser Explosionen erläutert, um im folgenden Abschnitt Sicherheitsprobleme zu diskutieren.

2.1. Technische und industrielle Anwendungen

Die Hauptanwendungsgebiete für friedliche Kernexplosionen sind das Bauwesen sowie die Erschließung von Bodenschätzen bzw. anderer natürlicher Ressourcen. Schließlich gibt es Vorstellungen und Arbeiten zur unterirdischen Lagerung verschiedener – insbesondere radioaktiver – Abfallstoffe und verschiedene Projekte zur Energieerzeugung bzw. -speicherung.

2.1.1. Bauwesen

Kratererzeugende Kernexplosionen können genutzt werden, um große Erdmassen zu bewegen, zum Beispiel beim Kanal-, Hafen-, Damm- [41], Straßen- und Eisenbahnbau und zur Beseitigung von Navigationsgefahren. Deshalb wurden viele Projekte zur Anwendung von Kernexplosionen im Bauwesen vorgeschlagen. Da Unterwasseraushebungen außerordentlich teure Baumaßnahmen sind, erscheint die Anwendung von friedlichen Kernexplosionen für diese Zwecke besonders nützlich [33]. Auch die Produktion von Zuschlagstoffen und die Gewinnung von Steinen und Erden lassen sich zu dieser Anwendungsgruppe friedlicher Kernexplosionen zählen.

Der *Kanalbau* mit nuklearen Sprengungen erfolgt durch Serienexplosionen von Kernladungen. Anzahl der Sprengkörper und Länge jedes Segmentes werden durch Sicherheitsbetrachtungen (seismische und Luftdruckeffekte) begrenzt. Die Hauptvorteile dieser Methode sind die Einsparung von Geld und Zeit. Verschiedene Projekte zum Bau eines neuen mittelamerikanischen Kanals wurden erwogen. Wissenschaftler der UdSSR studieren den Bau eines Kanals von der Petschora zur Wolga und zum Kaspischen Meer. Bei diesem Projekt wird eine Kostenreduzierung um den Faktor 3 bis 3,5 erwartet.

In Venezuela stand ein Kanalprojekt zwischen dem Orinoco und dem Rio Negro zur Diskussion [42]. Die soziale und wirtschaftliche Entwicklung des Bundesgebietes von Amazonas hängt entscheidend von der Verbesserung der Transportbedingungen im Inland ab. Ein solcher Kanal würde auch den Handel zwischen Venezuela und Brasilien sowie Kolumbien fördern. Beim Kanalbau kämen chemische und nukleare Sprengstoffe zum Einsatz. 157 Kernsprengungen zu je 10 kt wären für den 15,5 km langen Durchstich durch die Wasserscheide notwendig. Da das betroffene Gebiet noch relativ unerschlossen ist, treten kaum Sicherheitsprobleme auf.

Weit fortgeschritten ist eine Studie zur Schaffung eines etwa 72 km langen Kanal- oder Tunnelsystems, durch das Mittelmeerwasser in die Qattara-Depression in der Wüste geleitet werden soll. Dieses von Ägypten schon längere Zeit verfolgte Vorhaben [43, 112] würde der Elektrizitätserzeugung dienen und einen wesentlichen Beitrag zum Kampf gegen die Wüste darstellen.

Ein weiteres interessantes Kanalprojekt wurde für Thailand ausgearbeitet, das Kra-Kanal-Projekt [44]. Schon vor mehr als 200 Jahren wurde die Notwendigkeit eines Kanals durch den Isthmus von Kra diskutiert, der den Golf von Thailand und die Andaman-See verbinden würde. Die gegenwärtige Planung muß von den Bedürfnissen des 21. Jahrhunderts ausgehen, das heißt, es müssen Tanker mit einer Tragfähigkeit von 500000 t (1 t = 1000 kg) den Kanal passieren können. Dazu sind $2{,}8 \cdot 10^9$ m³ Erde auszuheben. Bei konventioneller Baumethode würden sich Kosten von $5{,}6 \cdot 10^9$ US-$ (Stand 1973!) und eine Bauzeit von 12 Jahren ergeben. Wenn dagegen von den 102 km [45] etwa 45 km, das entspricht $1{,}2 \cdot 10^9$ m³, durch kratererzeugende Kernexplosionen ausgehoben würden, verkürzte sich die Bauzeit um 2 bis 4 Jahre, und $2 \cdot 10^9$ US-$ könnten eingespart werden.

Die Lage eines Kanals richtet sich nach den nationalen Grenzen, den Kosten, der Verfügbarkeit von Hafeneinrichtungen, der tatsächlichen Nutzung durch Industriegebiete, Umweltfragen und der Anzahl der gegebenenfalls zu evakuierenden Einwohner. Im betrachteten Beispiel müßten etwa 200000 Thailänder für maximal 16 Monate evakuiert werden. Bei den Sicherheitsabschätzungen wurden seismische Effekte, Luftdruckwirkungen und der radioaktive Fallout untersucht. Wegen der erforderlichen Explosionsstärken stiege die radioaktive Wolke in große Höhen (etwa 17 km). Die gewünschte Abzugsrichtung dieser Wolke zeigt ungefähr nach Westen, eine Ausbreitungsrichtung die etwa 26 Tage im Jahr gewährleistet ist. Bei den Bewohnern benachbarter Inseln würden dann Strahlenbelastungen bis zu 15 mrem in 30 a auftreten (siehe auch Abschnitt 3.2.).[1])

---

[1]) Entsprechend den Empfehlungen der ICRP (International Commission on Radiological Protection) soll zur Vermeidung unzulässiger genetischer Schäden in der Bevölkerung ein Grenzwert von 5 rem in der Generationsperiode von 30 a eingehalten werden. Ohne die Einheit „rem“ näher erläutern zu müssen (siehe dazu z. B. [12]), sei zum Vergleich der Wert für die natürliche Strahlenbelastung von etwa 0,1 rem/a (3000 mrem in 30 a) genannt.

Vor einer Verwirklichung des Projektes ist u. a. noch zu untersuchen, welche Probleme sich bei den erforderlichen hohen Explosionsstärken ergeben. In den USA betrugen die bisher größten für die Kratererzeugung verwendeten Explosionsstärken 1 ×100 kt oder 5 ×1 kt. Beim vorliegenden Projekt sind jedoch Salven bis zu 5,5 Mt erforderlich.

Auch der *Hafenbau* unter Ausnutzung von Kernexplosionen verspricht in manchen Fällen große Vorteile. Hohe Ränder von 30 bis 60 m sind ein guter Schutz gegenüber Wind und Wellen. Die Bewegung großer Erdmassen läßt sich zur Dammaufschüttung nutzen. Praktische Verwirklichung fand diese Methode zum Beispiel in der UdSSR, wo 1968 ein 50 m hoher Damm auf diese Weise errichtet wurde.

Eine attraktive Anwendung von Kernexplosionen ist die *Zuschlagstoffproduktion* und die Gewinnung von Steinen und Erden. Wird durch die Wahl der Explosionstiefe dafür gesorgt, daß ein „retarc" entsteht, wird das Material zerkleinert, aber nicht aus dem Krater geschleudert. Mit einer 10-kt-Explosion, 120 m von einer geneigten freien Oberfläche entfernt, ist eine Erzeugung von $(4 \ldots 6) \cdot 10^9$ kg Zuschlagstoffen zu erwarten, die beträchtlich billiger ist als die konventionelle Art der Zuschlagstoffproduktion.

2.1.2. Erschließung von Bodenschätzen

Umfangreiche Anwendungsmöglichkeiten von Kernexplosionen bestehen bei der Erschließung von Bodenschätzen.

Kernexplosionen werden im Bergbau zum Abtragen des Deckgebirges, beim Blockbruchabbau, zur Auflockerung von Gestein an der Oberfläche durch Bildung eines „retarc" sowie zur Schaffung von Wasserspeichern genutzt. In der Hauptsache werden unterirdische Kernexplosionen zur Erschließung von Bodenschätzen vorgesehen, insbesondere bei der Öl- und Gasförderung, aber auch bei der in-situ-Aufbereitung von Mineralien.

Im Zusammenhang mit der *Ölförderung* interessiert man sich für die Stimulierung natürlicher Öllagerstätten, für die Erzeugung von Ölspeichern sowie für die in-situ-Aufbereitung von Ölschiefer.

Das Ausmaß der Ölförderung (und der Gasförderung) ist der effektiven Durchlässigkeit des Mediums und dem Logarithmus des Bohrlochdurchmessers proportional. Der gut durchlässige, mit Geröll gefüllte Kamin bei einer unterirdischen Kernexplosion spielt die Rolle eines stark vergrößerten Bohrloches. Auch eine Druckerhöhung läßt sich mit Kernexplosionen erreichen.

Die Erzeugung von Ölspeichern ist der von Gasspeichern sehr ähnlich (siehe unten). Mit einer 100-kt-Explosion in 1000 m Tiefe läßt sich zum Beispiel ein Lagerraum von etwa 300000 m^3 bei einem Preis von rund 10 bis 20 US-$ je m^3 erzeugen [19].

In den letzten Jahren wächst auch das Interesse, mittels Kernexplosionen unter dem Meeresboden die Gewinnung von Bodenschätzen und die Lösung anderer Probleme zu ermöglichen [46]. So treten zum Beispiel bei der Erdölgewinnung aus Lagerstätten unter dem Meeresboden viel größere Kosten auf als bei der Gewinnung an Land. Es sind Pipelines und Plattformen erforderlich. Die Pipelines sind zwar im Gegensatz zu den Öltankern witterungsunabhängig, sie können jedoch nicht in beliebige Tiefen geführt werden. Andererseits muß aber für eine kontinuierliche Ölabnahme gesorgt werden. Deshalb ist man interessiert, Ölfelder zu stimulieren und die produktive Lebensdauer eines Feldes auszudehnen. Zum Beispiel gibt es in der südlichen Nordsee Gasvorkommen in Formationen niedriger Durchlässigkeit. Zur Zeit ist eine Anwendung von Kernexplosionen für diese Zwecke noch nicht attraktiv, aber die Situation kann sich ändern. Sicherheitsprobleme sollen sich dabei – insbesondere bezüglich seismischer Effekte – leichter lösen lassen. Es gibt aber noch weitere

Anwendungen, die Kernexplosionen unter dem Meeresboden attraktiv erscheinen lassen. Es könnten Speicher unter dem Meeresboden erzeugt werden, um zum Beispiel vor der Küste flüssige Kohlenwasserstoffe zu speichern [116]. Auch andere Bodenschätze als Erdöl und Erdgas ließen sich unter dem Meeresboden gewinnen. Für solche Anwendungen ist aber noch eine große Anzahl technischer Probleme zu lösen.

Starkes Interesse wird der in-situ-Aufbereitung von Ölschiefer gewidmet. In vielen Ländern wurden Lagerstätten von Ölschiefer gefunden, der Kohlenwasserstoffe enthält, welche bei Erhitzung unter Abscheidung von Kohlenstoff in verschiedene gasförmige Kohlenwasserstoffe, einschließlich Öl, zerfallen. Durch eine unterirdische Kernexplosion wird ein großer Kamin mit gebrochenem Ölschiefer gebildet. Zwar ist auch eine hydraulische oder durch chemische Sprengstoffe hervorgerufene Gesteinsbrechung möglich, Kernexplosionen scheinen aber vorteilhafter zu sein. Bei diesem Verfahren werden verschiedene Bohrlöcher zur Basis des Kamins geführt. Von oben wird Luft in die Spitze des Kamins gepumpt. Die Verbrennung des Ölschiefers beginnt an der Spitze des Kamins und wird durch die zugeführte Luft aufrechterhalten. Die heißen Verbrennungsprodukte streichen über den unbehandelten Schiefer weiter unten im Kamin, erhitzen und zersetzen ihn, vermischen sich schließlich mit den verdampften Kohlenwasserstoffen und werden an die Oberfläche zur Trennung gepumpt.

Die Kosten sollen bei diesem Verfahren zwanzigmal geringer sein als bei einem Destillationsprozeß an der Erdoberfläche. Außerdem entfällt als Umweltproblem die Ablagerung von Abfallgestein wie bei der herkömmlichen Methode. Probleme der Seismik und der Kontamination von Öl und Grundwasser scheinen beherrschbar zu sein [47, 48].

In Abbildung 15 ist der Zusammenhang zwischen der Gesteinsmasse im Kamin sowie der Kaminhöhe und der

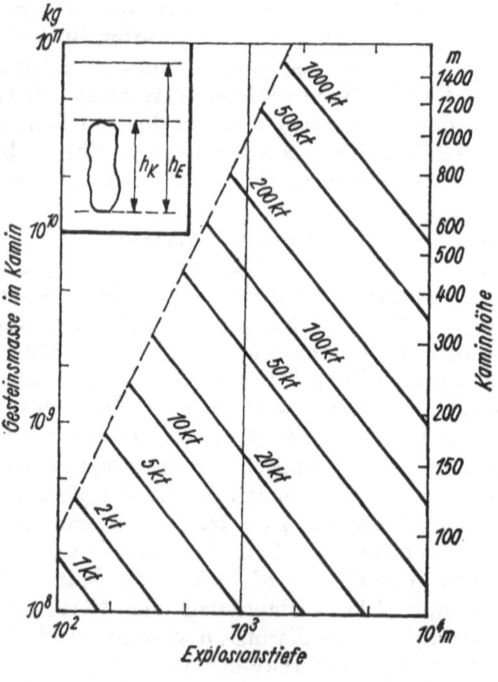

Abb. 15. Gesteinsmasse im Kamin und Kaminhöhe (h_K) als Funktion der Explosionstiefe (h_E) für verschiedene Explosionsstärken (nach [48])

Explosionstiefe für verschiedene Explosionsstärken angegeben. Dabei wurden typische Eigenschaften von Ölschiefer vorausgesetzt. Mit diesem Diagramm kann bei gegebener Ölschieferdicke in einer bestimmten Tiefe die erforderliche Explosionsstärke abgeschätzt werden.

Umfangreiche praktische Erfahrungen liegen für die Anwendung friedlicher Kernexplosionen bei der *Gasförderung* und damit in Zusammenhang stehenden Problemen vor. Es geht dabei um die Stimulierung natürlicher Gaslagerstätten, die Erzeugung von Gasspeichern und um die Löschung außer Kontrolle geratener Gasbohrungen.

Große Gasmengen sind in Lagerstätten niedriger Durchlässigkeit vorhanden. Das Gas befindet sich in Poren, die untereinander schlecht verbunden sind. Dadurch fließt das Gas nicht schnell genug zu einem Bohrloch. Durch Kernexplosionen können Gebiete erhöhter Durchlässigkeit geschaffen werden. Es wird eingeschätzt, daß die Nutzung von Kernexplosionen für die Stimulierung von Gaslagerstätten mit niedriger Durchlässigkeit der kommerziellen Nutzung mit am nächsten ist [49]. Drei Feldexperimente (Gasbuggy am 10. 12. 1967, Rulison am 10. 9. 1969 und Rio Blanco am 17. 5. 1973) [50, 51, 108] dienten in den USA zur Lieferung von Daten über die physikalischen und chemischen Effekte in einem Gasreservoir. Eine merkliche Stimulierung (fünf- bis achtmal) konnte nachgewiesen werden. Die Gaskontamination war geringer, als die Vorhersage erwarten ließ [18].

Die Ergebnisse der Experimente Gasbuggy und Rulison zeigten, daß folgende Forderungen an die Kernsprengeinrichtung zu stellen sind:

Bildung von möglichst wenig Tritium,

kleiner Durchmesser der Sprengeinrichtung,

Unempfindlichkeit der Einrichtung gegenüber extremen Temperaturen und Drucken sowie Beschleunigungen,

minimaler Einsatz von Kernmaterial und

minimale Kosten [52].

Beim dritten Experiment, dem Rio-Blanco-Experiment – es handelte sich dabei um eine sehr komplex angelegte Untersuchung[1]) – wurde eine Mehrfachexplosion durchgeführt, um die ökonomischen Bedingungen bei dieser Form der Gasstimulierung und den Anteil des gewinnbaren Gases zu verbessern. Es wur-

---

[1]) Eine kurze zusammenfassende Darstellung ist in der Zeitschrift Nuclear Technology 27 (4) (1975) enthalten.

den drei Kernsprengeinrichtungen von je etwa 30 kt gleichzeitig in 1780 m, 1899 m und 2039 m Tiefe im gleichen Bohrloch zur Explosion gebracht. Die Sprengeinrichtungen waren speziell für diese Anwendung ausgelegt worden und besaßen einen kleinen Durchmesser. Insbesondere studierte man auch den Prozeß der Kaminbildung. Dazu wurde beispielsweise mit Geophonen das Zusammenbrechen des Kamins verfolgt. Das später geförderte Gas wies einen wesentlich geringeren Tritiumgehalt auf, als vorher erwartet worden war. Die erzeugte Tritiummenge je Ladung war kleiner als ein Zehntel der beim Rulison-Experiment beobachteten. Die Strahlenbelastung für potentielle Nutzer des Gases wurde mit weniger als 1 mrem/a abgeschätzt. Ende 1973 betrug der Tritiumgehalt trockenen Gases etwa 1 MBq/m^3, der Gehalt an ^{85}Kr wurde mit etwa 15 MBq/m^3 angegeben. Das Tritium kommt dabei vor allem als CH_3T vor. Die Untersuchung der Detonationszone bis in 1704 m Tiefe, das heißt 76 m über dem obersten Detonationszentrum, ergab folgendes:

Es existiert keine durchlässige Verbindung zwischen der obersten und der mittleren Detonationsregion, obwohl eine Überlappung der Regionen zu erwarten gewesen wäre. Für diese Untersuchungen wurden inaktive Edelgastracer verwendet, die im Explosionsbehälter mit enthalten waren.

Die Durchlässigkeit wurde etwa zehn- bis dreißigmal gegenüber der ursprünglichen Formation vergrößert. Sie reicht bis zu einer Entfernung von etwa 3 Hohlraumradien vom Bohrloch, das heißt bis zu einer Entfernung von etwa 60 m. Allerdings war eine noch um den Faktor 5 bis 10 größere Durchlässigkeit vorhergesagt worden.

Die etwa 40 TBq Tritium, die in der obersten Explosionsregion gebildet wurden, befinden sich zu etwa 5% in der Gasphase. [50, 51]

Die Verbesserung der Explosionstechnik bei den genannten drei Stimulationsexperimenten kann Tabelle 7 entnommen werden.

Tabelle 7. Vergleich einiger Parameter bei den Experimenten Gasbuggy, Rulison und Rio Blanco (nach [53])

Experiment	Explosionsstärke	Durchmesser der Sprengeinrichtung	Geschätzte T-Freisetzung
Gasbuggy (10. 12. 1967)	28 kt	46 cm	1,5 PBq
Rulison (10. 09. 1969)	(43±8) kt	23 cm	0,4 PBq
Rio Blanco (17. 05. 1973)	3×30 kt	20 cm	<0,11 PBq

Beim Experiment Wagon Wheel sollen fünf 100-kt-Ladungen in verschiedenen Tiefen nacheinander, von unten beginnend, zur Explosion gebracht werden, um die seismischen Effekte zu verringern [52].

Durch die nukleare Stimulierung des Gases kann sich dessen Zusammensetzung ändern. Das nach dem Gasbuggy- bzw. Rulison-Experiment geförderte Gas unterschied sich vom ursprünglichen Gas insbesondere durch die Gegenwart von CO_2, CO, H_2 und H_2O. Außerdem traten Veränderungen im Verhältnis der Kohlenwasserstoffe auf. CO_2 wird durch die Hitzeentwicklung aus karbonathaltigem Gestein freigesetzt. CO_2 reduziert den Heizwert des Gases, und die Gegenwart von Dampf bringt Probleme, weil er Spuren von Tritium enthält. Bei Mehrfachexplosionen wird zum Beispiel zwar weniger CO_2 gebildet, dafür entsteht mehr Dampf. Der Untersuchung geochemischer Effekte kommt deshalb bei friedlichen Kernexplosionen eine große Bedeutung zu. [54]

Die zunehmende Verwendung von Erdgas erfordert Speichereinrichtungen in der Nähe des Verbrauchers, um einen optimalen Betrieb der Gaspipelines zu gewährleisten. Als Speicher werden gegenwärtig meist verarmte Öl- und Gasschichten verwendet. Dieses billige Verfahren läßt aber nur eine begrenzte Injektions- und Extraktionsrate zu. Andere Verfahren, wie die Gasverflüssigung und die Speicherung in Salzhöhlen, sind häufig sehr teuer. Die Anwendung von Kernexplosionen bietet eine günstige Möglichkeit, die gewünschten Speicher in gasdichten geologischen Formationen zu schaffen. Daneben sind solche Speicher auch für andere Produkte oder Abprodukte gasförmiger oder flüssiger Art brauchbar.

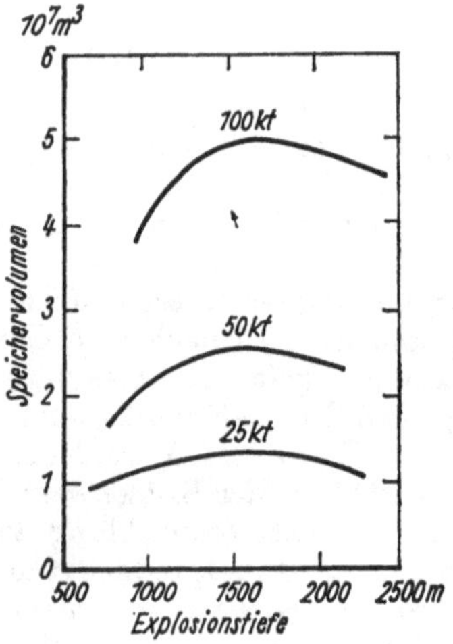

Abb. 16. Speichervolumen als Funktion der Explosionstiefe für verschiedene Explosionsstärken (nach [56])

Das Prinzip der Erzeugung von Gasspeichern durch Kernexplosionen besteht darin, daß unterirdische Kernexplosionen in undurchlässigem Gestein zylindrische, mit Geröll gefüllte Kamine und Hohlräume hervorrufen, die sich für die Speicherung von Gas eignen. In Abbildung 16 ist das Speichervolumen als Funktion der Explosionstiefe für verschiedene Explosionsstärken angegeben. Ob ein solches Projekt verwirklicht werden kann, hängt von den Untersuchungsergebnissen in jedem konkreten Fall ab. Dazu gehört die Klärung solcher Fragen wie Kosten, Annehmbarkeit von Erdbebenschäden, Unversehrtheit des resultierenden Speichers, radioaktive Kontamination des Gases usw. Die Klärung dieser Probleme wird sehr vorangetrieben, insbesondere werden auch die Besonderheiten in dicht besiedelten Gegenden untersucht (siehe z. B. [55]). Kamine, die durch Explosionen von 50 bis 100 kt erzeugt werden, scheinen eine ökonomische Lösung zu sein [19].

Langjährige Erfahrungen zur Erzeugung von Untergrundspeichern durch friedliche Kernexplosionen liegen in der UdSSR vor [57]. Es wurden verschiedene Formationen untersucht, die für diese Speicher genutzt werden können. Die Errichtung und Nutzung eines 50000-m³-Gaskondensatuntergrundspeichers in einer Salzformation lieferten wertvolle Informationen für weitere Entwicklungen. Abbildung 17 gibt die schematische Darstellung eines solchen Speichers.

In Tabelle 8 sind verschiedene Beziehungen angegeben, mit denen sich die charakteristischen Größen eines durch

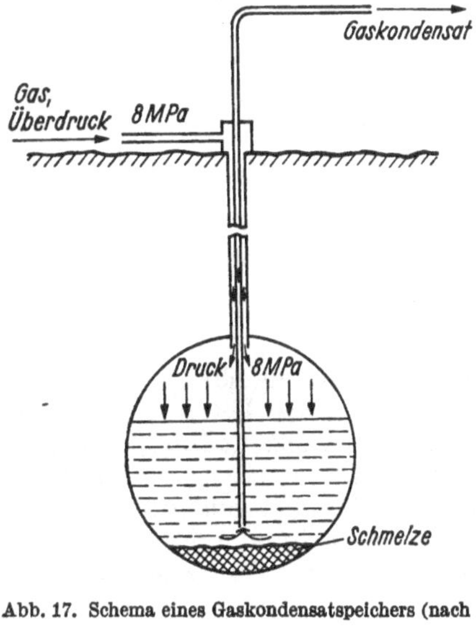

Abb. 17. Schema eines Gaskondensatspeichers (nach [57])

Tabelle 8. Beziehungen zur Berechnung charakteristischer Größen von Untergrund-

Größe	Zahlenwertgleichung
Radius des Hohlraumes	$r_{\mathrm{H}} = \frac{86 - 2{,}15 \cdot 10^{-3}\sigma}{(\varrho h)^{1/4}} W^{1/3}$
Radius von Gebieten mit verschiedenem Zerstörungsgrad	$r_i = c_h\, 100 W^{1/3} \left(\frac{\frac{1}{m_i}\varrho c_l k}{g\sigma}\right)^{1/p}$
Volumen des gesamten Speichers	$V_{\mathrm{Sp}} = \frac{4}{3}\pi r_{\mathrm{H}}^3 (1 + \varepsilon)$

friedliche Kernexplosionen hergestellten Untergrundspeichers beschreiben lassen. Diese Formeln präzisieren zugleich die des Abschnittes 1.2.2. Es ist zu beachten, daß auch an die Eigenschaften des Gesteinsmassives über dem Speicher bestimmte Forderungen zu stellen sind. So müssen zum Beispiel Durchlässigkeit des Gesteinsmaterials und Mächtigkeit des Gesteinsmassives auf die Eigenschaften und den Druck des Gases abspeichern (nach [57])

Erläuterung von Symbolen	Spezielle Zahlenwerte
σ = Druckfestigkeit in t/m^2	
W = Explosionsstärke in kt	
ϱ = Dichte des Gesteins in t/m^3	
h = Dicke der Gesteinsschicht = Explosionstiefe in m	
i = Index, der sich auf einen bestimmten Grad der Zerstörung des Gesteins bezieht $i=1$: Zerquetschung $i=2$: Zerkleinerung $i=3$: Rißbildung	
c_h = Koeffizient, der die Explosionstiefe berücksichtigt	$c_h = 115/h$ mit h in m
m_i = Koeffizient, der den Grad der Zerstörung berücksichtigt	$m_1 = 17{,}3 \ldots 18$ $m_2 = 4{,}0 \ldots 5{,}0$ $m_3 = 0{,}6 \ldots 1{,}0$
c_l = Ausbreitungsgeschwindigkeit der Longitudinalwellen in m/s	
k = Koeffizient, der die Eigenschaften des Gesteinsmassives berücksichtigt	$k = 4 \ldots 5{,}4$ für Granit und Quarzporphyre $k = 1{,}2 \ldots 1{,}4$ für Tuff und Sandstein
g = Schwerebeschleunigung in m/s^2	
p = Exponent, der die Abnahme der Massengeschwindigkeit beschreibt	$p = 1{,}7 \ldots 2{,}4$ für Granit und Quarzporphyre $p = 2{,}6 \ldots 2{,}9$ für Tuff und Sandstein
ε = Koeffizient, der das freie Volumen außerhalb des Hohlraumes berücksichtigt	$\varepsilon = 0{,}25$ für Granit $\varepsilon = 0{,}5$ für Dolomit $\varepsilon = 0{,}4$ für Sandstein

gestimmt sein, damit eine bestimmte Nutzungsdauer des Speichers gewährleistet ist.

Kernexplosionen ermöglichen auch den Verschluß bzw. die Löschung außer Kontrolle und in Brand geratener Gasbohrlöcher. Das Prinzip besteht darin [58], eine zusätzliche Bohrung in die Nähe der Gassonde niederzubringen und durch eine Kernexplosion die Sonde zu verschließen. Der Zusammenhang zwischen dem Radius der Einwirkungszone und der Explosionsstärke ist in Abbildung 18 dargestellt.

Ein vielversprechendes Verfahren zur *in-situ-Aufbereitung von Mineralien*, das allerdings noch nicht im Feldversuch erforscht wurde, ist die in-situ-Auslaugung

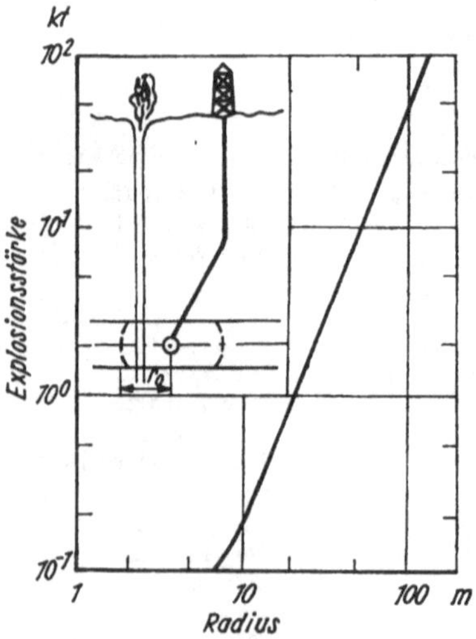

Abb. 18. Zusammenhang zwischen dem Radius der effektiven Einwirkungszone und der Explosionsstärke (nach [58])

von Erzlagerstätten. Für Lagerstätten, die genügend tief sind, läßt sich durch eine unterirdische Kernexplosion eine Aufbereitungsmethode entwickeln, die zum „chemischen Bergbau“ gehört. Bei Erzlagerstätten mit niedrigem Kupfergehalt wird eine Säurelösung in den oberen Teil des Kamins gepumpt. Während sich die Lösung durch das gebrochene Erz nach unten bewegt, laugt sie das Kupfer aus. Die Flüssigkeit wird am Boden des Kamins gesammelt, an die Oberfläche gepumpt, das Kupfer entfernt und die Säure erneut in den

Kamin eingeführt. (Eine abgewandelte Technik bei sehr flach liegenden Lagerstätten besteht in der Erzeugung eines „retarc“ [19].) Der wesentliche Vorteil besteht darin, daß durch die Erschließung tiefer gelegener Lagerstätten die Kupfergewinnung beträchtlich gesteigert werden könnte. Selbst wenn der Kupfergehalt der Erze gering ist, wird die Anwendung friedlicher Kernexplosionen diskutabel. Deshalb wurde in den USA auf diesem Gebiet ein Projekt ausgearbeitet und damit ein Fortschritt gegenüber den vorhergehenden Arbeiten erreicht. Im Vordergrund der Arbeiten standen dabei ökonomische und Sicherheitsaspekte. [59]

Um zum Beispiel Kupfersulfid-Vorkommen niedrigen Gehaltes auszubeuten, wird unterhalb der Grundwassergrenze ein Kamin gebrochenen Erzes erzeugt (Abb. 19). Der Kamin ist mit Wasser zu füllen, bis hydrostatisches Gleichgewicht vorliegt. Sauerstoff oder Luft wird in der

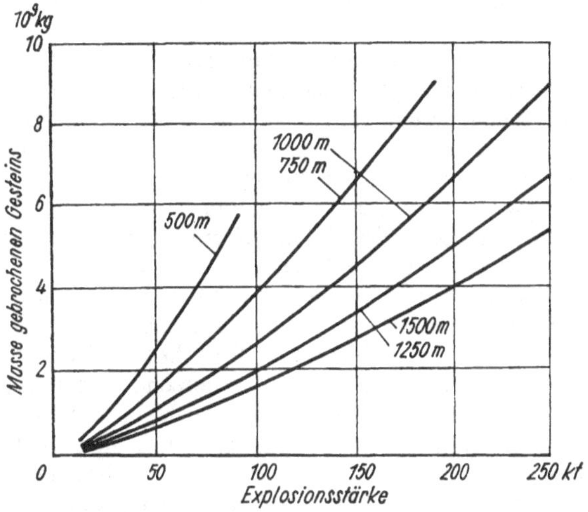

Abb. 19. Masse gebrochenen Gesteins als Funktion der Explosionsstärke, Parameter Explosionstiefe; Dichte 2,7 g/cm³, Wassergehalt 3% (nach [60])

Nähe des Kaminbodens in das gebrochene Gestein eingeblasen. Die Löslichkeit des Sauerstoffs ist bei hohem Druck größer und ausreichend, um die Oxydation der Sulfide einzuleiten. Die Oxydation und die Auflösung erzeugen genügend Wärme, um die Temperatur des Erzes und Wassers im Kamin auf 100 °C zu erhöhen. Diese Methode wurde eingehend theoretisch und in Modellversuchen studiert und bezüglich Ökonomie und Sicherheitsfragen als aussichtsreich eingeschätzt [60].

Kratererzeugende Kernexplosionen können auch zur *Schaffung von Wasserspeichern* genutzt werden. Dabei ist es möglich, entweder den Krater selbst als Wasserreservoir zu verwenden, oder der Rand des Kraters kann in einem Tal als Damm dienen. So erzeugte Speicher werden für Volumen über $7 \cdot 10^6$ m^3 im Vergleich zu anderen Verfahren konkurrenzfähig [19].

2.1.3. Sonstige Anwendungen in Technik und Industrie

Neben den beiden in den vorangegangenen Abschnitten erläuterten Hauptanwendungsgebieten gibt es eine Vielzahl von Vorschlägen, um Kernexplosionen industriell und technisch auszunutzen. Sie reichen von der Abfallagerung in künstlich erzeugten Hohlräumen über die Anwendung von Kernexplosionen bei der Nutzung geothermischer Energie bis zur Erzeugung von Kernenergie mittels friedlicher Kernexplosionen.

Die *Lagerung von Abfallstoffen* wird in den industriell hochentwickelten Ländern zu einer Aufgabe von aktueller Bedeutung. Der Schutz des Menschen und die Erhaltung der natürlichen Umwelt einerseits und immer größere Abfallprobleme andererseits erfordern auch die Suche nach neuen Lösungswegen. Friedliche Kernexplosionen eröffnen zum Beispiel in Form der in-situ-Aufbereitung von Bodenschätzen nicht nur ökonomischere, sondern auch umweltfreundlichere Technologien. Darüber hinaus ist es möglich, durch den Einsatz von Kernexplosionen anfallende schädliche Abprodukte sicher zu lagern.

Eine wichtige Aufgabe im Zusammenhang mit der Beseitigung von Abfallstoffen stellt die sichere Endlagerung radioaktiven Abfalls dar, der mit der zunehmenden Ausnutzung der Kernenergie in Kernkraftwerken und durch Einrichtungen des Kernbrennstoffzyklus in erhöhtem Maße anfällt. Eine sichere Lagerung setzt voraus, daß Hohlräume in geologischen Formationen gebildet werden, die von der Biosphäre isoliert sind. Diese Isolation muß auch nach längerer Lagerung der radioaktiven Stoffe erhalten bleiben. Insbesondere muß die durch die Absorption der Strahlung in dem umgebenden Material hervorgerufene Erhitzung den Speicher unversehrt lassen. Die entstehende Wärme läßt sich aber auch nutzen, um feste radioaktive Abfälle, die in einen unterirdischen Hohlraum gebracht wurden, durch Selbstaufheizung in das umgebende Gestein einzuschmelzen [110]. Die Zuverlässigkeit der Endlagerung radioaktiven Abfalls kann dadurch erhöht werden.

Eine günstige Möglichkeit, die für die Endlagerung radioaktiver Abfälle erforderlichen Speicher zu schaffen, besteht in der Durchführung einer unterirdischen Kernexplosion. Die grundsätzlichen, dabei auftretenden Probleme und Vorgänge wurden bereits im vorhergehenden Abschnitt 2.1.2. dargestellt. Solche Speicher würden die Lagerung flüssiger und fester Abfälle erlauben, jedoch ist auch an eine Speicherung gasförmiger radioaktiver Stoffe zu denken.

Eine weitere Anwendung friedlicher Kernexplosionen ist die *geothermische Energiegewinnung*. An vielen Stellen der Erde gibt es Gebiete, wo Isothermen hoher Temperatur sehr nahe der Erdoberfläche verlaufen. Die Wärme kann aber nur ausgenutzt werden, wenn dort natürliche Bruchzonen vorhanden sind, die es bei Vorhandensein von ausreichendem natürlichem Wasser ermöglichen, die Wärme aus einem großen Gesteinsvolumen zu sammeln. Durch eine unterirdische Kernexplosion kann eine

Bruchzone künstlich erzeugt werden, in die Wasser eingeleitet und überhitzter Dampf entnommen wird. Dabei wird zunächst die Wärme des Gesteins im Kamin und der Bruchzone ausgenutzt. Aber auch die aus dem umgebenden Medium durch Wärmeleitung oder durch Verbindungen zwischen den Bruchzonen dahin gelangende Wärme sowie die Restwärme der Kernexplosion liefern Beiträge.

Die *Energieerzeugung durch aufeinanderfolgende Kernexplosionen* greift ein Projekt wieder auf, das bereits diskutiert wurde, als sich die Anwendung von Kernexplosionen für friedliche Zwecke noch in ihrem frühesten Stadium befand. Auf dieses Projekt kam man im Zusammenhang mit der Suche nach neuen Energiequellen in den letzten Jahren zurück. Bei diesem – in den USA unter der Bezeichnung PACER bekannten – Vorhaben [61] sollen in einer kugelförmigen unterirdischen Höhle von wenigen Hundert Metern Durchmesser, die mit einigen 10^9 kg Wasser gefüllt wird, nacheinander Kernexplosionen ausgelöst werden.

Durch Explosion von zwei 50-kt-Kernladungen je Tag können eine Temperatur von 525 °C und ein Druck von 200 at im Hohlraum aufrechterhalten werden. Der gebildete Dampf gibt seine Wärme an Dampf in einem sekundären Kreislauf ab, der Turbinen antreibt. Damit läßt sich eine elektrische Leistung von 2000 MW erzielen. Ein derartiges Kraftwerk müßte mit einer Produktionsstätte von Kernsprengeinrichtungen verbunden sein, die jährlich etwa 750 Stück 50-kt-Sprengsätze liefert.

Falls die Sprengeinrichtung geeignete Mengen von Thorium oder Uran enthält, ist gleichzeitig die Erbrütung von ^{233}U bzw. ^{239}Pu möglich. Diese Nuklide können dann als Brennstoff für konventionelle Leichtwasserreaktoren verwendet werden.

Ein weiteres, in der Diskussion befindliches Anwendungsgebiet von Kernexplosionen ist die *Energiespeicherung*. In Ländern mit längeren Küsten werden immer mehr Kraftwerke in der Nähe der Küste gebaut.

Die anfallende Überschußenergie sollte geeignet gespeichert werden. Dazu sind Pumpspeicherwerke und die Methode der Luftkompression geeignet. In beiden Fällen braucht man große Reservoire, zu deren Herstellung sich Kernexplosionen unter der Erdoberfläche oder unter dem Meeresboden nutzen lassen [46].

Bei der Errichtung von Pumpspeicherwerken ist es häufig schwierig, einen geeigneten oberen und unteren Behälter zu finden. Wird jedoch der untere Behälter unter die Erdoberfläche oder unter den Meeresboden verlegt, ließe sich das Problem leichter lösen. Auch mittels der Überschußenergie erzeugte komprimierte Luft ließe sich nutzen, um in den Spitzenzeiten Öl in Gasturbinen zu verbrennen. Dafür sind ebenfalls Speicher erforderlich, die als Untermeeresbodenspeicher ausgebildet werden könnten, wenn sie zusammen mit küstennahen Kraftwerken arbeiten. Die noch zu lösenden technischen Probleme machen jedoch eine Anwendung in absehbarer Zeit unwahrscheinlich.

2.2. *Wissenschaftliche Anwendungen*

Die wissenschaftlichen Anwendungen von Kernexplosionen betreffen vor allem die Kernphysik und die Geophysik. Die Kernexplosionen dienen dabei entweder als Energiequelle oder als Quelle von Elementarteilchen.

Viele Untersuchungen im Rahmen der *Kernphysik* betreffen neutronenphysikalische Experimente. Die große Neutronenflußdichte, die weniger als 1 μs vorhanden ist, ermöglicht eine Vielzahl von Experimenten zum Studium der Neutronenwechselwirkungen. Dabei können sehr kleine Proben (mg) und sehr kurzlebige Radionuklide für die Untersuchungen herangezogen werden. Außerdem ist es möglich, in anderen Experimenten störende hohe Aktivitäten induzierter Radionuklide zu verringern [62]. Ausführlich wurden Spaltung, Einfang, Streuung und Transmission verschiedener Nuklide untersucht.

Mit Hilfe der sehr intensiven Neutronenquelle, wie sie eine Kernexplosion darstellt, ist es möglich, neue Elemente durch mehrfachen Neutroneneinfang (>20) herzustellen. Bezeichnet σ den Einfangquerschnitt, N_0 die ursprüngliche Anzahl von Kernen des Ausgangsnuklids, Φ die Neutronenfluenz und n die Anzahl der sukzessiven Einfänge, dann werden

$$N = N_0 \frac{(\sigma\Phi)^n e^{-\sigma\Phi}}{n!} \quad (13)$$

Atome gebildet. In Abbildung 20 ist die Anzahl von Kernen, die beim Hutch-Experiment erzeugt wurden, als Funktion der Massenzahl dargestellt [19].

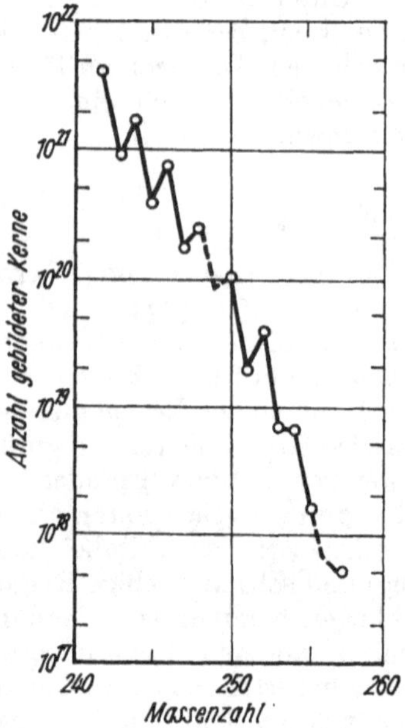

Abb. 20. Anzahl der Kerne schwerer Elemente, die beim Hutch-Experiment gebildet wurden (nach [19])

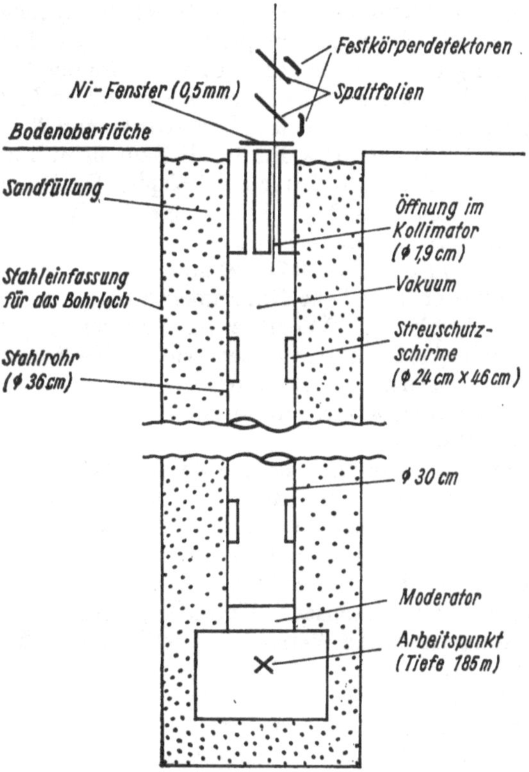

Abb. 21. Schematische Darstellung der Flugzeitstrecke bei einem Kernexplosionsexperiment für die Bestimmung von Wirkungsquerschnitten (nach [62])

Bei der Neutronenquerschnittsmessung mittels friedlicher Kernexplosionen werden die Neutronen durch eine evakuierte Flugstrecke von 200 bis 300 m zur Oberfläche geleitet. In Abbildung 21 ist eine solche Flugstrecke schematisch angegeben. Bei einer Kernexplosion entsteht eine große Anzahl von Neutronen (Grammmengen!) in sehr kurzer Zeit ($<0{,}1\ \mu s$) in einem großen

Energiebereich. Typische thermische Geschwindigkeiten betragen etwa 5 cm/µs, das entspricht etwa 20 eV. Falls Fusionssprengstoffe verwendet werden, entstehen Neutronen mit Energien zwischen einigen eV und 14 MeV. Die Flugzeiten betragen bei einer Laufstrecke von 250 m für 14-MeV-Neutronen 5 µs, für 14-eV-Neutronen 5 ms. Mit dieser Methode wurden zum Beispiel Spaltquerschnitte von mehr als 20 Nukliden und Einfangquerschnitte von 6 Nukliden im Rahmen von Experimenten in den USA von 1965 bis 1969 bestimmt [62].

Weitere wissenschaftliche Experimente betreffen den Neutrinonachweis und Versuche im äußeren Raum, um physikalische Grundparameter, wie die Neutronenlebensdauer, zu messen. Es wurden aber wenig Anstrengungen unternommen, um diese Vorhaben zu verwirklichen [19].

Auch in der *Geophysik* lassen sich friedliche Kernexplosionen nutzen. Unterirdische Explosionen stellen eine ausgezeichnete Quelle seismischer Signale dar. Im Unterschied zu Erdbeben sind die grundlegenden Parameter bekannt. Es wurden meist keine besonderen Experimente für seismische Untersuchungen durchgeführt, sondern andere Versuche – auch Kernwaffenversuche – für seismische Untersuchungen genutzt. Vorteilhaft ist bei solchen Experimenten mit Kernexplosionen, daß sich das Zentrum des „Erdbebens“ an einem bekannten Ort befindet und daß der Explosionszeitpunkt bekannt ist, wodurch eine optimale Instrumentierung möglich wird. Günstig ist ferner, daß sich die Quellen in aseismischen Regionen befinden können [19].[1])

Weitere wissenschaftliche Anwendungen betreffen Untersuchungen zur Ausbreitung mechanischer Wellen. Das Marvel-Experiment stellte zum Beispiel ein nukleares Experiment zur Untersuchung von Stoßwellen dar.

---

[1]) Über die Bedeutung von friedlichen Kernexplosionen für die Geophysik wird in einer französischen Arbeit [63] ausführlich berichtet.

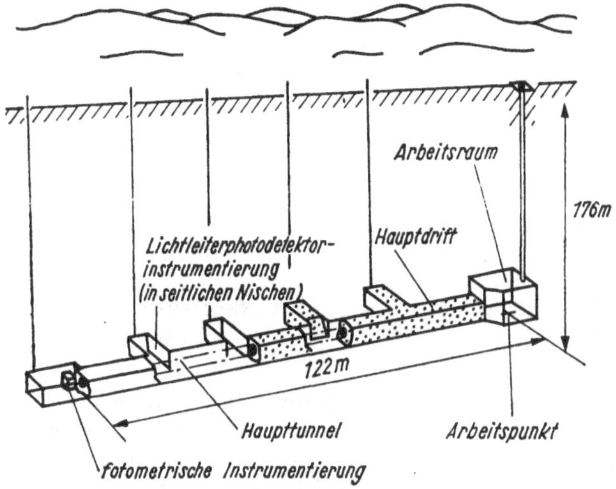

Abb. 22. Versuchsanordnung beim Marvel-Experiment (schematisch) (nach [64])

Dabei wurde bei einer Explosionsstärke von 2,2 kt die Energieausbreitung in einer nicht-kugelförmigen Geometrie untersucht. Um Rechenergebnisse mit den Ergebnissen der Experimente vergleichen zu können, wurde eine möglichst günstige geometrische Anordnung gewählt (Abb. 22). [64] In den USA gelang es zum ersten Mal, einen Punkt der Zustandsgleichung von Molybdän bei einem Druck von 2 TPa direkt zu bestimmen [109].

2.3. Sonstige Anwendungen

Außer den bereits behandelten Anwendungen in Technik, Industrie und Wissenschaft gibt es weitere Vorstellungen, wie sich Kernexplosionen für friedliche Zwecke nutzen lassen, ohne daß schon eingehendere Untersuchungen durchgeführt worden wären. Eine Aufzählung solcher möglicher Anwendungen soll die Vielfalt der noch zu lösenden Aufgaben und den breiten Nutzungsbereich friedlicher Kernexplosionen zeigen:

Isotopenproduktion im großen Maßstab,
Kohlevergasung,
Meerwasserdestillation,
Nutzung von Kratern als Parabolhöhlung für große Radioteleskope,
Wasserproduktion auf dem Mond,
Bestrahlungsexperimente zur Untersuchung von Festkörperproblemen,
Experimente mit polarisierten Neutronen,
Messung physikalischer Grundkonstanten
und vieles andere.

So wie bei den anderen Anwendungen kommt es nicht nur darauf an, daß sie sich technisch verwirklichen lassen. In jedem einzelnen Falle muß geprüft werden, ob sie sicher und ohne Gefahr für den Menschen und seine Umwelt durchführbar sind und ob der Nutzen den notwendigen ökonomischen Aufwand rechtfertigt. Das sind Aufgaben, zu deren Lösung die Fachleute vieler Disziplinen ihren Beitrag leisten müssen.

3. Sicherheitsprobleme bei Kernexplosionen für friedliche Zwecke

Die Kernsprengeinrichtungen, die für friedliche Anwendungen eingesetzt werden, stellen eine Quelle stark konzentrierter Energie dar. Deshalb sind friedliche Kernexplosionen so durchzuführen, daß die gewünschten Explosionseffekte mit großer Zuverlässigkeit hervorgerufen und daß gefährliche Nebeneffekte möglichst vermieden werden. Im Abschnitt 2. wurden die gegenwärtigen Möglichkeiten, friedliche Kernexplosionen gezielt anzuwenden, erläutert. Bezüglich der Zuverlässigkeit, mit der die Explosionseffekte vorherzusagen sind, kann generell festgestellt werden, daß sie immer dann sehr groß ist, wenn bereits Erfahrungen mit Testexplosionen unter vergleichbaren Bedingungen vorliegen. Weitere theoretische und experimentelle Untersuchungen sowie praktische Erfahrungen mit friedlichen Kernexplosionen werden auch in der Zukunft zu einer weiteren Vervollkommnung dieser Technik führen.

Auch bei einer sicheren und zuverlässigen Technik der friedlichen Kernexplosionen lassen sich gewisse unerwünschte Einflüsse auf den Menschen und seine Umwelt nicht ausschließen, selbst wenn man annimmt, daß sich auch in dieser Hinsicht noch Verbesserungen ergeben werden. In diesem Zusammenhang ist jedoch zu beachten, daß bei gewissen technischen Großprojekten generell Umwelteinflüsse unvermeidbar sind, unabhängig davon, ob solche Projekte mit herkömmlichen Mitteln – zum Beispiel mit chemischen Sprengstoffen – oder durch friedliche Kernexplosionen ausgeführt werden.

Bei friedlichen Kernexplosionen treten drei Phänomene[1]) auf, deren Einfluß auf die Umwelt und den Menschen besonders zu beachten sind:

die Bodenbewegung,
die Druckwelle und
die Radioaktivität.

Ein Teil der unerwünschten Effekte, der durch diese Phänomene hervorgerufen wird, kann bezüglich seiner Auswirkungen vollständig in den Kosten für ein Projekt berücksichtigt werden. Dazu gehören zum Beispiel Beschädigungen an Bauwerken durch die Luftdruckwelle wie Fensterbruch und andere Folgen. Ein weiterer Teil der Auswirkungen – insbesondere auf den Menschen – läßt sich nicht ökonomisch bewerten. Diese Fälle be-

---

[1]) Selbstverständlich muß auch die Sicherheit der nuklearen Sprengeinrichtung während ihres Transportes vom Herstellungs- zum Explosionsort und während sonstiger Vorbereitungsarbeiten bis zur Explosion gewährleistet sein.

dürfen einer besonders gründlichen Untersuchung, selbst wenn es nicht gelingt, eine quantitative Risiko-Nutzen-Analyse durchzuführen.

3.1. Mechanische und seismische Effekte

3.1.1. Druckwelle

Durch die Druckwelle bei kratererzeugenden Kernexplosionen können nahe dem Explosionszentrum Schäden durch die direkte Druckwelle, in mittleren Entfernungen (50 ... 100 km) durch Brechung der Druckwelle in der Troposphäre und in größeren Entfernungen (100 ... 200 km) durch Brechung in der Ozonosphäre und Ionosphäre entstehen. Die Hauptschäden sind Fensterbruch [19]. Wenn die Auslösung der Explosion unter günstigen atmosphärischen Bedingungen erfolgt, lassen sich größere Schäden auch bei stärkeren Kernexplosionen in akzeptablen Grenzen halten [65]. Die Kenntnis der lokalen Wetterlage und die Beobachtung des Windes in der Atmosphäre erlaubt, einen solchen Explosionszeitpunkt auszuwählen, daß die reflektierenden Luftdruckwellen nicht auf bebaute Flächen fokussiert werden. Damit kann auch der Schaden durch reflektierte Wellen klein bleiben. Unterirdische Kernexplosionen rufen nur unbedeutende Luftdruckwellen hervor, so daß deren schädigende Wirkung außer Betracht bleiben kann.

3.1.2. Bodenbewegung

Starke Explosionen – unabhängig davon, ob es sich um nukleare oder chemische handelt – erzeugen eine Bodenbewegung, die Bauwerke beschädigen kann und von der Bevölkerung in großen Gebieten empfunden wird. Schäden an Bauwerken hängen von folgenden Faktoren ab [65]:

von der Stärke der Explosion, ihrer Tiefe und vom Kopplungsgrad zwischen der Stoßwelle und der Erde,

von den geophysikalischen Eigenschaften der Gesteinsformationen zwischen dem Explosionsort und den Gebäuden, in denen die Ausbreitung der seismischen Welle stattfindet,

und von der Art des Bauwerkes und seinen Konstruktionseigenschaften.

Die interessierenden Explosionsstärken von Kernladungen sind im allgemeinen so groß, daß viele der für chemische Sprengstoffe erhaltenen empirischen Gesetze zur Beschreibung der Bodenbewegung nicht gültig sind, obwohl qualitativ zwischen beiden keine Unterschiede bestehen [66]. Viele der in der Literatur angegebenen entsprechenden Beziehungen stimmen untereinander nur ungenügend überein bzw. lassen sich nicht oder schlecht vergleichen, weil die Angabe bestimmter Parameter fehlt oder weil sich die Ergebnisse auf einen speziellen Explosionsort und seine Umgebung beziehen. Trotzdem wird eingeschätzt, daß sich die Bewegung der Bodenteilchen für die Abschätzung möglicher Schäden hinreichend genau vorhersagen läßt.

Die Beschreibung der Bodenbewegung erfolgt durch Angabe der Verschiebung x (in cm) eines Bodenteilchens, seiner Geschwindigkeit v (in m/s) und seiner Beschleunigung a (in g) sowie der Deformation des Bodens $\varepsilon = \Delta l/l$. Es hat sich gezeigt, daß für die Beurteilung möglicher Schäden im allgemeinen die Geschwindigkeit der Bodenteilchen die entscheidende Größe ist (s. u.). Gegebenenfalls können auch die Frequenzen der Bodenbewegung Einfluß haben. So ist zum Beispiel die Bodenbewegung bei kratererzeugenden Explosionen im Vergleich zu unterirdischen kleiner und zu niedrigeren Frequenzen verschoben [19].

Französische Untersuchungen [67] ergaben für die genannten Größen in Granit folgende Abhängigkeiten von der Explosionsstärke W (in kt) und der Entfernung r (in km):

$$xW^{-1/3} = f_1(rW^{-1/3}) = 0{,}21(rW^{-1/3})^{-1{,}40},$$
$$v = f_2(rW^{-1/3}) = 0{,}10(rW^{-1/3})^{-1{,}73},$$
$$aW^{+1/3} = f_3(rW^{-1/3}) = 2{,}2(rW^{-1/3})^{-2{,}44}$$

und

$$\varepsilon = f_4(rW^{-1/3}) = 2{,}8 \cdot 10^{-5}(rW^{-1/3})^{-1{,}60} .$$

Umformen liefert dann

$$x = 0{,}21 \frac{W^{0{,}80}}{r^{1{,}40}} \begin{matrix} +40\% \\ -30\% \end{matrix}, \tag{14}$$

$$v = 0{,}10 \frac{W^{0{,}58}}{r^{1{,}73}} \begin{matrix} +50\% \\ -30\% \end{matrix}, \tag{15}$$

$$a = 2{,}2 \frac{W^{0{,}48}}{r^{2{,}44}} \begin{matrix} +60\% \\ -40\% \end{matrix}, \tag{16}$$

$$\varepsilon = 2{,}8 \cdot 10^{-5} \frac{W^{0{,}54}}{r^{1{,}60}} \begin{matrix} +80\% \\ -40\% \end{matrix}. \tag{17}$$

Diese Beziehungen gelten im Bereich $0{,}06\, rW^{-1/3} < 1$. Die Grenze r_G für Schäden im Medium wird mit

$$r_G \approx 0{,}7\, W^{1/3} \tag{18}$$

angegeben.

Sowjetischen Angaben zufolge [66] gilt für die maximale Geschwindigkeit v_{max} in Granit und Steinsalz

$$v_{max} = 0{,}17 \frac{W^{0{,}53}}{r^{1{,}6}} \tag{19}$$

und

$$v_{max} = 0{,}24 \frac{W^{0{,}53}}{r^{1{,}6}} . \tag{20}$$

In Abbildung 23 ist die Beschleunigung a in Einheiten der Erdbeschleunigung g als Funktion der (schrägen)

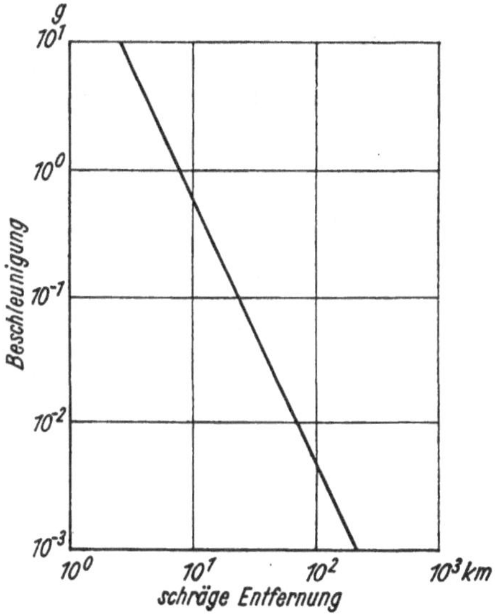

Abb. 23. **Beschleunigung als Funktion der schrägen Entfernung beim Rio-Blanco-Experiment (nach [48])**

Entfernung[1]) vom Explosionsort für das Rio-Blanco-Experiment angegeben. Abbildung 24 zeigt den Vergleich zwischen den vorhergesagten und beobachteten Werten. Eine Berechnung für andere Bedingungen ist unter Verwendung der Gleichung

$$a = \left(\frac{W}{W_{\mathrm{RB}}}\right)^{0,33} \cdot \left(\frac{h_{\mathrm{E}}}{h_{\mathrm{E,RB}}}\right)^{0,58} \cdot a_{\mathrm{RB}} \qquad (21)$$

möglich, wobei die enthaltenen Größen jeweils auf die entsprechenden beim Rio-Blanco-Experiment bezogen sind (Index RB) [48].

[1]) Die schräge Entfernung gibt die Entfernung vom Aufpunkt zum Explosionsort und nicht zum Epizentrum an.

6*

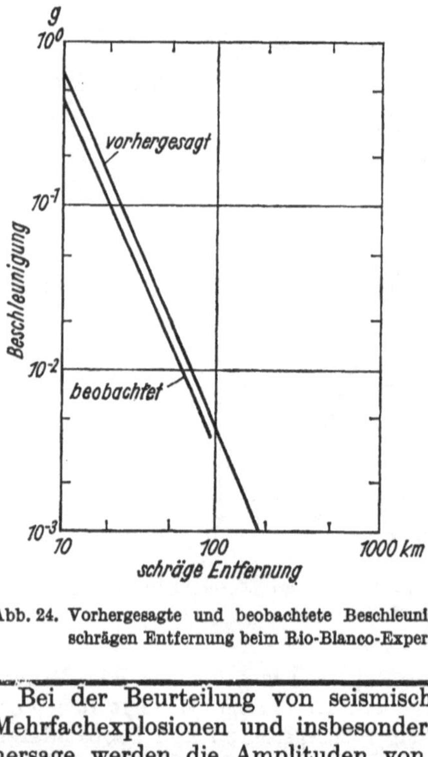

Abb. 24. Vorhergesagte und beobachtete Beschleunigung als Funktion der schrägen Entfernung beim Rio-Blanco-Experiment (nach [53])

Bei der Beurteilung von seismischen Effekten bei Mehrfachexplosionen und insbesondere bei deren Vorhersage werden die Amplituden von Beschleunigung, Geschwindigkeit und Verschiebung auf die von Einzelexplosionen in Abhängigkeit von Explosionsstärke, Explosionstiefe und Entfernung bezogen (siehe z. B. [68]). Der Vergleich mit den experimentellen Ergebnissen ergibt, daß die Vorhersagen bei den Amplituden für Beschleunigung und Verschiebung um einige Prozent höher liegen, bei der Geschwindigkeit um 20% [68].

Die Schäden, die bei verschiedenen Gebäudetypen durch seismische Schwingungen entstehen, sind in vielen Arbeiten beschrieben. Aus experimentellen Daten wurden Werte für die Geschwindigkeitsamplitude ab-

Tabelle 9. Kritische Horizontalgeschwindigkeiten für unterschiedliche Beschädigungsgrade an 50% der Gebäude verschiedenen Typs in der Nahzone (nach [69])

Art der Objekte	maximale Horizontalgeschwindigkeit (in m/s)	
	leichte Beschädigung	mittlere Beschädigung
mehrgeschossige Ziegelbauten, Industriebauten mit tragenden Ziegelwänden	0,02 ... 0,05	0,05 ... 0,10
eingeschossige Ziegelbauten	0,04 ... 0,08	0,08 ... 0,16
eingeschossige Holzhäuser	0,10 ... 0,20	0,20 ... 0,30
Lehmziegel- und Lehmstampfbauten	0,04 ... 0,08	0,08 ... 0,16
Ziegelöfen und -schornsteine	0,02 ... 0,05	0,05 ... 0,10
Elektroenergieübertragungsleitungen und Verbindungen über hölzerne Masten (Riß der Leitungen)	–	0,50 ... 1,00
Rohrleitungen (Beschädigungen an Zuleitungsstellen)	–	1,00

geleitet, die bestimmte Gebäudeschäden verursachen. Beachtet man den Einfluß der Schwingungsdauer einer seismischen Welle auf den Schadensgrad, ergeben sich kritische Bewegungsgeschwindigkeiten für die Nah- und Fernzonen [69] (siehe Tabellen 9 und 10). Es wurden auch die Wellengruppen untersucht, die den stärksten Einfluß auf Wohn- und Industriegebäude haben [70].

In einer sowjetischen Arbeit konnte ferner nachgewiesen werden, daß der Zusammenhang zwischen dem Bruchteil p der zu einem bestimmten Grad beschädigten Gebäude und der Bodenteilchengeschwindigkeit v durch eine logarithmische Normalverteilung [71] gegeben ist. Für diesen Fall gilt

$$p = \frac{1}{\sqrt{2\pi}} \int_{-\infty}^{t} \mathrm{e}^{-\frac{t'^2}{2}} \, \mathrm{d}t' \tag{22}$$

mit

$$t = a + b \lg v = b \lg \left(\frac{v}{v_0}\right). \tag{23}$$

Tabelle 10. Kritische Horizontalgeschwindigkeiten für unterschiedliche Beschädigungsgrade an 5% der Gebäude verschiedenen Typs in der Fernzone (nach [69])

Art der Objekte	maximale Horizontalgeschwindigkeit (in m/s)	
	leichte Beschädigung	mittlere Beschädigung
mehrgeschossige Ziegelbauten Industriebauten mit tragenden Ziegelwänden	0,003 ... 0,006	0,006 ... 0,012
mehrgeschossige Großplattenbauten	0,005 ... 0,010	0,01 ... 0,02
eingeschossige Ziegelbauten	0,005 ... 0,010	0,01 ... 0,02
eingeschossige Holzhäuser	0,02 ... 0,04	0,04 ... 0,08
Lehmziegel- und Lehmstampfbauten	0,005 ... 0,01	0,01 ... 0,02
Ziegelöfen und -schornsteine	0,01 ... 0,02	0,02 ... 0,04

a und b sind Konstanten, wobei die Konstante b die Breite der Verteilung bestimmt und v_0 eine Geschwindigkeit ist, die für einen gegebenen Gebäudetyp charakteristisch ist. Für $v = v_0$ ist $t = 0$ und wegen

$$p = \frac{1}{2}[1 + \Phi(t)] \tag{24}$$

mit dem Wahrscheinlichkeitsintegral

$$\Phi(t) = \sqrt{\frac{2}{\pi}} \int_0^t e^{-\frac{t'^2}{2}} dt' \tag{25}$$

ergibt sich $p(v = v_0) = 0{,}5$.

In Tabelle 11 sind Ergebnisse des Rulison-Experimentes angegeben. Berechnet man für die experimentellen Werte von p nach (24) t und stellt t als Funktion von $\lg v$ dar, erhält man in der Tat eine recht gute Übereinstimmung mit (23) (siehe Abb. 25).

Bei der Durchführung von Kernexplosionen, insbesondere in bewohnten oder anderweitig vom Menschen genutzten Gebieten, werden sich seismische Schäden

Tabelle 11. Zusammenhang zwischen dem Bruchteil beschädigter Gebäude beim Rulison-Experiment und der Bodenteilchengeschwindigkeit (nach [71])

Entfernung (in km)	Gesamtanzahl der Gebäude	Anzahl beschädigter Gebäude	Bruchteil beschädigter Gebäude	Bodenteilchengeschwindigkeit (in cm/s)
11	164	76	0,465	11
19	139	6	0,043	5
20	818	70	0,085	4
23	106	6	0,057	3
30	168	6	0,036	2
65	4000	3	0,00075	0,4

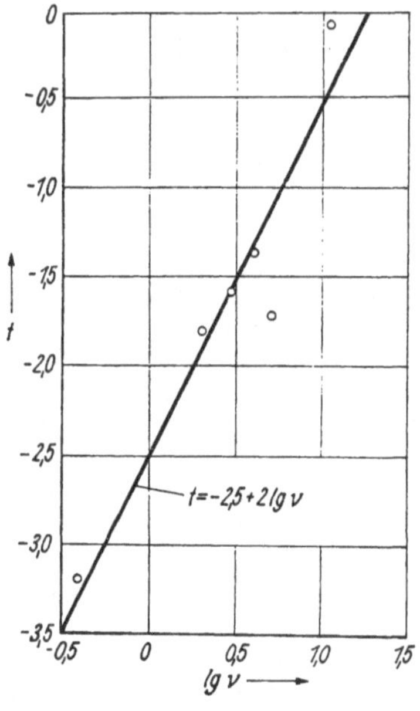

Abb. 25. Zum Verteilungsgesetz der Gebäudeschäden infolge Bodenbewegung (Erklärungen im Text) (nach [71])

nicht vollkommen vermeiden lassen. Beim Rulison-Projekt wurden zum Beispiel bezüglich Eigentumsschäden durch seismische Effekte die in Abbildung 26 dargestellten Erfahrungen gemacht. Diese Ergebnisse

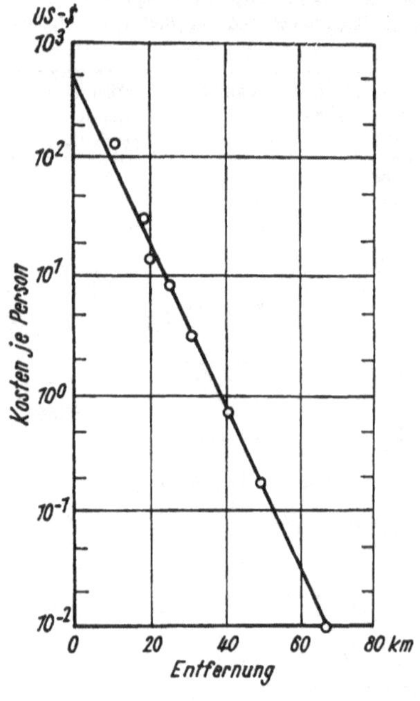

Abb. 26. Empirischer Zusammenhang zwischen den Kosten je Person für seismische Schäden und der Entfernung beim Rulison-Experiment (nach [72])

erlaubten es zum Beispiel, die Schäden durch seismische Effekte beim Rio-Blanco-Gasstimulierungsexperiment abzuschätzen. Die tatsächlichen Reparaturkosten konnten auf einige Prozent genau vorhergesagt werden [111]. Da bei kratererzeugenden Kernexplosionen zum Teil Explosionsstärken bis zu einigen Megatonnen vorkommen können, dürften sich entsprechende Projekte nur in entlegenen Gebieten verwirklichen lassen, um die Evakuierung der Bevölkerung in größerem Umfang zu vermeiden bzw. die Kosten für seismische Schäden gering zu halten [65].

Durch unterirdische Explosionen ist es prinzipiell auch

möglich, daß Erdbeben ausgelöst werden. Die Wahrscheinlichkeit dafür hängt wesentlich von den geologischen Eigenschaften des entsprechenden Gebietes ab und läßt sich für ein bestimmtes Projekt quantitativ abschätzen. Auf jeden Fall ist die Auslösung eines Erdbebens nur bei sehr starken Explosionen denkbar. In seismisch aktiven Zonen mit häufig vorkommenden kleineren Erdbeben ist die Wahrscheinlichkeit für die Verursachung eines größeren Bebens selbst bei Explosionsstärken von einigen Megatonnen klein.

3.2. *Radiologische Effekte*

Neben den mechanischen und seismischen Wirkungen sind bei der Durchführung friedlicher Kernexplosionen Effekte zu beachten, die durch die Einwirkung ionisierender Strahlung auf den Menschen zustandekommen. Es treten drei Gruppen von Strahlenschutzproblemen auf [19]:

die Strahlenbelastung der Bevölkerung außerhalb des Projektgebietes,

die Strahlenbelastung der Bevölkerung infolge radioaktiver Kontamination von Produkten und

die Strahlenbelastung des Projektpersonals.

Besonders wichtig ist es, mögliche Strahlenbelastungen der Bevölkerung zu untersuchen.

Die bei einer Kernexplosion auftretende Sofortkernstrahlung übt bei friedlichen Anwendungen keine direkte Wirkung auf den Menschen aus. Die Explosionsorte liegen unter der Erdoberfläche, so daß praktisch keine Strahlung die Oberfläche erreicht. Außerdem halten sich während des Explosionsvorganges keine Menschen in der Nähe des Explosionsortes auf. Indirekt kann aber auch die Sofortkernstrahlung zu einer Strahlengefährdung führen, indem unter der Wirkung der bei einer Kernexplosion freigesetzten Neutronen Radionuklide gebildet werden.

Die Hauptgefahr bezüglich einer Strahlenbelastung

der Bevölkerung rührt von der Restkernstrahlung her, das heißt von der Strahlung, die infolge der Kernexplosion gebildete Radionuklide aussenden. Zu diesen Radionukliden zählen die Spaltprodukte, nicht umgesetzte Spaltstoffe, durch Neutronenbestrahlung erzeugte Radionuklide und Tritium.

Die so entstandenen Radionuklide können auf sehr verschiedenen Wegen dazu führen, daß Einzelpersonen oder Bevölkerungsgruppen einer Strahlenbelastung ausgesetzt werden. Eine Bestrahlung von außen ist durch radioaktiv kontaminierte Oberflächen oder durch die entstehende Wolke bei kratererzeugenden Kernexplosionen möglich. Durch Aufnahme radioaktiver Stoffe in den menschlichen Körper kommt es zu einer inneren Strahlenbelastung. Die Radionuklidaufnahme ist dabei das Ergebnis eines komplizierten Transportprozesses, der schließlich seinen Abschluß in der Inhalation radioaktiv kontaminierter Luft oder Ingestion radioaktiv kontaminierter Lebensmittel und Flüssigkeiten findet. Die Zusammensetzung des bei der Kernexplosion gebildeten Radionuklidgemisches ändert sich in der Regel während des Transportvorganges durch das gemeinsame Wirken physikalischer, chemischer und biologischer Faktoren.

Viele Arbeiten sind in den letzten Jahren geleistet worden, um die Strahlenbelastung des Menschen infolge freigesetzter Radionuklide abzuschätzen und mit der zulässigen Strahlenbelastung entsprechend den ICRP-Empfehlungen zu vergleichen (siehe z. B. [73, 74]). Dabei konnte festgestellt werden, daß entwickelte Modelle gut geeignet sind, mögliche Strahlenbelastungen bei friedlichen Kernexplosionen vorherzusagen.

In diesem Zusammenhang ist aber darauf hinzuweisen, daß es gegenwärtig keine international vereinbarten Richtlinien gibt, wie das genetische Dosislimit von 5 rem/30a[1]) auf die verschiedenen zivilisatorisch be-

[1]) Vgl. Fußnote auf S. 52.

dingten Quellen der Strahlenbelastung aufzuteilen ist und wieviel davon für friedliche Kernexplosionen reserviert werden soll.

Um eine geplante friedliche Kernexplosion auch vom Standpunkt des Strahlenschutzes sicher durchführen zu können, sind viele Vorarbeiten zu leisten. Dazu gehören u. a. folgende Aufgaben:

Abschätzung der Aktivität und Art der sich bei der Explosion bildenden Radionuklide sowie ihrer ursprünglichen Verteilung am Explosionsort bzw. in seiner Nähe;

Untersuchung der geologischen und hydrologischen Bedingungen in der Umgebung des Explosionsortes sowie der chemischen Zusammensetzung des umgebenden Materials;

Bestimmung der meteorologischen und klimatischen Bedingungen im Projektgebiet und der Zuverlässigkeit von Vorhersagen zum Explosionszeitpunkt und

Erarbeitung von statistischem Material über die Bevölkerungsverteilung in der näheren und weiteren Entfernung vom Explosionsort sowie deren Ernährungsgewohnheiten usw.

Die Lösung dieser Aufgaben ermöglicht dann, auf der Grundlage der aufgestellten und erprobten Modelle mögliche Strahlenbelastungen der Bevölkerung vorherzusagen.

Besonderheiten bei unterirdischen und kratererzeugenden Kernexplosionen lassen eine getrennte Behandlung der radiologischen Effekte zweckmäßig erscheinen. Eine ausführliche Darstellung dieser Probleme ist in einer Arbeit von Ju. A. Israel [75] enthalten.

3.2.1. *Radiologische Effekte bei unterirdischen Kernexplosionen*

Die bei einer unterirdischen Kernexplosion gebildeten radioaktiven Stoffe können unter ungünstigen Bedingungen als Gas in die Atmosphäre gelangen, Wasseradern kontaminieren oder in die Produkte gelangen, die mittels der Kernexplosion gewonnen werden sollen.

Die gesamte bei einer friedlichen Kernexplosion erzeugte Radioaktivität wird durch die Bildung von Spaltprodukten und von Radionukliden bestimmt, die sich im Ergebnis der Wechselwirkung der Neutronen mit Kernen in der Umgebung des Explosionsortes bilden. Welche Radionuklide bei einer unterirdischen (oder auch bei einer kratererzeugenden) Kernexplosion entstehen, hängt von den Eigenschaften der Sprengeinrichtung und der umgebenden Materialien ab. Während die Kenntnis der Sprengeinrichtungseigenschaften durch vielfältige Erprobungen vorausgesetzt werden kann, ist die Abschätzung der induzierten Aktivität wesentlich komplizierter.

Eine weitere denkbare Quelle radioaktiver Stoffe ist das in der Sprengeinrichtung enthaltene Spaltmaterial. Untersuchungen haben jedoch gezeigt, daß Spaltmaterialreste, die bei der Explosion in die Umgebung gelangen, in der Regel wenig gefährlich sind. Nur Plutonium bildet eine besondere gesundheitliche Gefahr, wenn es in den menschlichen Körper gelangt [15].

Im Mittelpunkt der Betrachtungen über die Entstehung radioaktiver Substanzen bei friedlichen Kernexplosionen steht die Untersuchung der auf verschiedene Weise induzierten Radioaktivität. Die dabei gebildeten Radionuklide können in drei Gruppen [75] eingeteilt werden:

Radionuklide, die durch Wechselwirkung der Explosionsneutronen mit dem Sprengmaterial entstehen,

Radionuklide, die sich aus anderen Elementen der Sprengeinrichtung bilden, sowie

Radionuklide, die aus Elementen der Umgebung der Sprengeinrichtung erzeugt werden.

Zur ersten Gruppe gehören ^{237}U, ^{239}Np und andere Transuranelemente. Zur zweiten Gruppe können solche Nuklide gezählt werden wie ^{54}Mn, ^{88}Y, ^{102}Rh, ^{181}W, ^{185}Re, ^{187}W und ^{188}Re, die zum Beispiel beim Sedan-Versuch auftraten. Welche Radionuklide bei der Neutronenaktivierung von Komponenten der Sprengeinrichtung entstehen, hängt stark von der Sprengeinrichtung ab. In den Gebieten hoher Neutronenfluenz müssen auch Mehrfacheinfänge beachtet werden. [15] In die dritte Gruppe ordnen sich je nach den Explosionsbedingungen eine Vielzahl von Radionukliden ein wie ^{24}Na, ^{46}Sc, ^{54}Mn, ^{60}Co, ^{65}Zn, ^{110m}Ag, ^{124}Sb, ^{134}Cs, ^{152}Eu, ^{154}Eu, ^{182}Ta u. a. Davon ist ^{24}Na vom Standpunkt der Strahlungskonsequenzen als besonders wichtig zu betrachten [75].

Die Berücksichtigung der entstehenden induzierten Aktivitäten ist vor allem bei einem kleinen Spaltungs-Fusions-Verhältnis bezüglich der Energiefreisetzung der Sprengeinrichtung von Bedeutung. Selbst bei Kenntnis der Materialzusammensetzung in der Nähe des Explosionsortes ist eine Abschätzung der induzierten Radioaktivität nach den Gleichungen des Abschnittes 1.1.3. sehr kompliziert (siehe z. B. auch die Arbeit [76]). Falls keine Neutronenabschirmungen vorhanden sind, werden für Spalt- und Fusionssprengstoffe etwa $2 \cdot 10^{23}$ Neutronen je kt emittiert. Nur die Tritiumbildung hängt stark von der Art des Sprengstoffes ab. [77] Bei der Berechnung der Aktivierung von Elementen im Gestein sind für Neutronenenergien zwischen 10 und 100 eV berechnete Ergebnisse zuverlässiger als solche in thermischer Näherung [78]. In Abbildung 27 ist als Beispiel die zeitliche Abhängigkeit der emittierten Gammastrahlungsenergie je Zeitelement für verschiedene Näherungen angegeben. Die im Boden induzierte Radioaktivität wurde auf der Grundlage des Häufigkeitsverhältnisses seiner chemischen Elemente sowohl für thermische Neutronen als auch für Neutronen mit Energien zwischen 10 und 100 eV (entspricht Temperaturen von 10^5 bis 10^6 °C) berechnet. Für Zeiten über 10 d ist die induzierte Aktivität für Neutronenenergien von 10 bis 100 eV um eine Größenordnung größer als die für Neutronenenergien um 0,025 eV. Die Gamma-

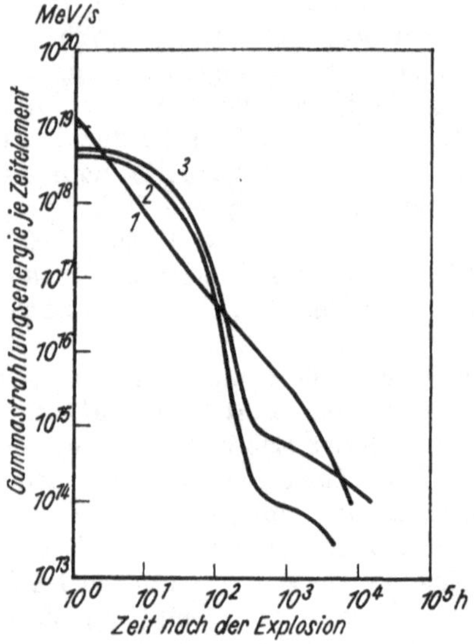

Abb. 27. Abhängigkeit der emittierten Gammastrahlungsenergie je Zeitelement von der Zeit nach der Explosion für verschiedene Näherungen (nach [75])
1 – Spaltprodukte bei einer Explosionsstärke von 1 kt
2 – induzierte Radioaktivität (bezogen auf die gleiche Dosis wie durch die Spaltprodukte), Berechnung in thermischer Näherung
3 – induzierte Radioaktivität, Berechnung für Neutronenenergien zwischen 10 und 100 eV

Strahler, die einen wesentlichen Beitrag zur ausgesandten Strahlung liefern, hängen von der Zeit nach der Explosion ab. Während zwischen 1 und 5 d ^{24}Na sowie zwischen 30 d und 1,5 a ^{46}Sc dominieren, sind es nach 1 a bzw. 10 a schließlich ^{60}Co bzw. ^{152}Eu. In Tabelle 12 ist die Aktivität der bei einer 100-kt-Explosion auf der Basis der ^{235}U-Spaltung entstehenden Radionuklide 180 d nach der Explosion und in Tabelle 13 sind die Bodenaktivierungsprodukte für Granit angegeben. Zusätzlich ist die hauptsächliche Lokalisierung der Radionuklide vermerkt.

Bei der Erschließung von Kohlenwasserstoffquellen ist wahrscheinlich Tritium das kritischste Radionuklid [77]. Bei der Gasstimulation wurden weiterhin folgende Radionuklide quantitativ nachgewiesen: ^{14}C, ^{37}Ar, ^{85}Kr

Tabelle 12. Radionuklide 180 *d* nach der Explosion einer 100-kt-^{235}U-Spaltungssprengeinrichtung (nach [77])

Spaltprodukte Radionuklid	Halbwertszeit (in s)	Aktivität (in TBq)	vorwiegende Lokalisierung des Nuklids
^{85}Kr	$3{,}40 \cdot 10^{8}$	74	Gas
^{89}Sr	$4{,}49 \cdot 10^{6}$	8 100	Kamin-Gesteinsoberfläche
^{90}Sr	$8{,}82 \cdot 10^{8}$	560	„
^{91}Y	$5{,}10 \cdot 10^{6}$	13 000	„
^{95}Zr	$5{,}62 \cdot 10^{6}$	16 000	geschmolzenes Material
^{95}Nb	$3{,}02 \cdot 10^{6}$	30 000	„
^{103}Ru	$3{,}46 \cdot 10^{6}$	3 900	Kamin-Gesteinsoberfläche
^{106}Ru	$3{,}15 \cdot 10^{7}$	1 400	„
^{115m}Cd	$3{,}72 \cdot 10^{6}$	4,4	„
^{123}Sn	$1{,}08 \cdot 10^{7}$	22	„
^{124}Sb	$5{,}18 \cdot 10^{6}$	1,9	„
^{125}Sb	$8{,}51 \cdot 10^{7}$	220	„
^{125m}Te	$5{,}01 \cdot 10^{6}$	41	„
^{127m}Te	$9{,}42 \cdot 10^{6}$	260	„
^{129m}Te	$2{,}94 \cdot 10^{6}$	63	„
^{137}Cs	$2{,}59 \cdot 10^{6}$	670	„
^{140}Ba	$1{,}11 \cdot 10^{6}$	33	„
^{141}Ce	$2{,}85 \cdot 10^{6}$	4 800	geschmolzenes Material
^{143}Pr	$1{,}18 \cdot 10^{6}$	59	„
^{144}Ce	$2{,}45 \cdot 10^{7}$	13 000	„
^{147}Pm	$8{,}19 \cdot 10^{7}$	2 600	„
^{151}Sm	$2{,}74 \cdot 10^{9}$	19	„
^{155}Eu	$5{,}67 \cdot 10^{7}$	110	„

und ^{203}Hg. Andere Radionuklide, die unterhalb der Nachweisgrenze lagen, würden einen vernachlässigbar kleinen Beitrag zur Jahresdosis liefern. ^{3}H und ^{85}Kr sind besonders wichtig, da sie zu über 90% zur Dosis beitragen [79], insbesondere aber interessiert das Tritium.

Tritium ist bezüglich der somatischen und genetischen Schäden gefährlicher als ^{85}Kr. Um den Tritium-Gehalt der erzeugten Produkte zu verringern, ist es günstiger, Spalt- statt Fusionssprengstoffe zu verwenden. Zum Beispiel werden bei einem 100-kt-Spaltungssprengkörper etwa 100 TBq Tritium freigesetzt, bei einem Fusions-

Tabelle 13. Bodenaktivierungsprodukte für Granit mit 5 Masseprozent Wasser (nach [77])

Radionuklid	Halbwertszeit (in s)	Aktivität (in TBq)	vorwiegende Lokalisierung des Nuklids
^{3}H	$3{,}78 \cdot 10^{8}$	< 74	Wasser
^{14}C	$1{,}80 \cdot 10^{11}$	0,26	Gas
^{32}P	$1{,}21 \cdot 10^{6}$	0,3	Kamin-Gesteinsoberfläche
^{35}S	$7{,}60 \cdot 10^{6}$	104	„
^{37}Ar	$3{,}02 \cdot 10^{6}$	270	Gas
^{59}Ar	$8{,}51 \cdot 10^{9}$	0,30	Gas
^{45}Ca	$1{,}43 \cdot 10^{7}$	740	geschmolzenes Material
^{46}Sc	$7{,}26 \cdot 10^{7}$	52	„
^{54}Mn	$2{,}62 \cdot 10^{7}$	6,7	„
^{55}Fe	$8{,}19 \cdot 10^{7}$	1400	„
^{59}Fe	$3{,}89 \cdot 10^{6}$	48	„
^{60}Co	$1{,}67 \cdot 10^{8}$	4,4	„
^{65}Zn	$2{,}12 \cdot 10^{7}$	370	„
^{85}Sr	$5{,}53 \cdot 10^{6}$	5,9	„
^{89}Sr*	$4{,}49 \cdot 10^{6}$	20	„
^{95}Zr*	$5{,}62 \cdot 10^{6}$	3,3	„
^{95}Nb*	$3{,}02 \cdot 10^{6}$	5,6	„
^{134}Cs	$6{,}30 \cdot 10^{7}$	56	Kamin-Gesteinsoberfläche
^{141}Ce*	$2{,}85 \cdot 10^{6}$	4,8	geschmolzenes Material
^{152}Eu	$3{,}78 \cdot 10^{8}$	22	„
^{160}Tb	$6{,}22 \cdot 10^{6}$	31	„
^{170}Tm	$1{,}12 \cdot 10^{7}$	107	„
^{192}Ir	$6{,}39 \cdot 10^{6}$	33	„

* Bildung auch als Spaltprodukt

sprengkörper der gleichen Explosionsstärke etwa 100 PBq Tritium [77]. (Auch bei der Cu-Gewinnung ist im Interesse der in der Raffinerie tätigen Arbeiter eine geringe Tritium-Konzentration für die Auswahl eines Spaltungssprengstoffs maßgebend. Deshalb werden in den USA für unterirdische Kernexplosionen Spaltungssprengstoffe bevorzugt. [77])

Schließlich geht die Tendenz auch dahin, Sprengeinrichtungen zu entwickeln, die wenig Tritium liefern. In den USA wurde zum Beispiel im Rahmen des Miniata-Experimentes die Sprengeinrichtung „Diamond explosive“ getestet, die einen Durchmesser von weniger als 20 cm hatte. Bei einer Explosionsstärke von 80 kt entstanden nur 0,1 bis 0,2 g Resttritium [52].

Neben dem Tritium, das bei der Kernexplosion direkt entsteht (siehe Abschnitte 1.1.1. und 1.1.2.), findet eine Tritium-Bildung auch dann statt, wenn Lithium im Gestein enthalten ist oder die Abschirmung der Sprengeinrichtung Bor enthält [15]. Die Bildung erfolgt auf Grund der Reaktionen

$$^{6}\text{Li}(n, \alpha)\text{T}$$

und

$$^{10}\text{B}(n, 2\alpha)\text{T}\,.$$

Beim Gasbuggy-Projekt ergaben sich auf diese Weise größenordnungsmäßig 1 g T bzw. 100 GBq T/kt [15].

Auch bei der ternären Spaltung entsteht Tritium. Schließlich ist eine Aktivierung durch verzögerte Neutronen (nach Zerfall der Abschirmung!) von der Größenordnung 50 GBq/kt möglich [15].

Die Hauptquelle des Tritiums ist jedoch das Resttritium. 1968 wurden dafür Werte von 260 TBq/kt bis 2 PBq/kt Fusionsexplosionsenergie – das entspricht 0,7 bis 5 g T/kt – angegeben, 1971 200 TBq bis 1 PBq/kt [15]. Es werden also rund 200 TBq/kt bis 2 PBq/kt gebildet.

In den Tabellen 12 und 13 sind bereits Angaben über die Lokalisierung der bei friedlichen Kernexplosionen entstehenden Radionuklide enthalten. Die Kenntnis der räumlichen Verteilung der gebildeten Radioaktivität ist für die Beschreibung des weiteren Verhaltens der radioaktiv kontaminierten Stoffe von großer Wichtigkeit. Ein großer Teil dieser Stoffe verbleibt in der erstarrten Gesteinsschmelze, ein sehr kleiner Teil kann sich lösen und mit dem Grundwasser verbreiten. Flüchtige Bestandteile diffundieren in die Bruchzone bzw. in den Gesteinsschutt, der nach dem Zusammenbrechen des Hohlraumes entsteht. Die flüchtigen Substanzen, das heißt hauptsächlich Gase, können unter gewissen Bedingungen in die Atmospähre gelangen. [75]

Die ursprüngliche Verteilung der Radionuklide nach einer Kernexplosion hängt von einer Vielzahl physikalischer, physikalisch-chemischer und chemischer Faktoren ab. Die entsprechenden Aussagen gelten nicht nur für unterirdische Kernexplosionen, sie beziehen sich gleichzeitig auf bestimmte Probleme bei kratererzeugenden Explosionen, da die ersten Phasen beider Explosionsarten sehr ähnlich sind.

Durch die Wechselwirkung zwischen den radioaktiven Explosionsprodukten und der Gesteinsschmelze in Gebieten hoher Temperatur haben nur Isotope schwerschmelzbarer Elemente die Chance, in das Gestein zu gelangen, so daß die erstarrende Schmelze dann bezüglich dieser Radionuklide abgereichert ist. In kälteren Gebieten um den Explosionsort gebildete Stoffteilchen sind mit flüchtigen Radionukliden und Nukliden, die gasförmige Vorgänger besitzen, angereichert. Weiterhin ist zu beachten, daß beim radioaktiven Zerfall der Spaltprodukte Isotope von Elementen entstehen, die völlig unterschiedliche chemische Eigenschaften besitzen. In Tabelle 14 ist ein Beispiel angegeben, wie unterschiedlich die Eigenschaften innerhalb einer Spaltproduktzerfalls-

Tabelle 14. Änderung der Eigenschaften der Elemente in der Zerfallsreihe der Spaltprodukte mit der Massenzahl (nach [88])

Nuklid der Zerfallsreihe	Ordnungszahl des Elementes	Eigenschaften des Elementes
^{89}Br	35	flüchtig
^{89}Kr	36	Edelgas
^{89}Rb	37	verhältnismäßig flüchtig
^{89}Sr	38	schwerschmelzbar
^{89}Y	39	stabiles Isotop

reihe sein können. Schließlich ändert sich die Zusammensetzung des Radionuklidgemisches infolge des radioaktiven Zerfalls und der Nachbildung der Einzelnuklide zeitlich entsprechend den unterschiedlichen Halbwertszeiten. Während sich die zeitliche Änderung der Gemischzusammensetzung infolge der nuklearen Umwandlungsprozesse bei Vorliegen der erforderlichen Ausgangsdaten leicht berechnen läßt, sind einigermaßen exakte quantitative Angaben über die Verteilungsprozesse gegenwärtig nicht möglich.

Zur Berechnung der Radionuklidgemischzusammensetzung für Spaltprodukte wird von einer Bilanzgleichung für die Anzahl $N_i(t)$ eines jeden Nuklids ausgegangen (siehe z. B. [80]). Im Falle von Nuklidgemischen, die bei der momentanen Spaltung eines Stoffes entstehen, lautet die Bilanzgleichung

$$\frac{\mathrm{d}N_i}{\mathrm{d}t} = -\lambda_i N_i(t) + \sum_k w_{ki} \lambda_k N_k(t) \,. \tag{26}$$

Dabei bedeuten λ_i und λ_k die Zerfallskonstanten des Nuklids i bzw. dessen Vorläufers k und w_{ki} die Übergangswahrscheinlichkeit für das Nuklid k zum Nuklid i. Es wird über alle Vorgänger k summiert. Die Anfangswerte $N_i(0)$ sind der unabhängigen Spaltausbeute des Nuklids i proportional. Eine geschlossene Lösung der Differentialgleichung (26) ist nur für unverzweigte Zerfallsreihen möglich. Die dafür aufgestellte Lösung

$$N_i(t) = \sum_{r=1}^{i} N_r(0) \sum_{j=r}^{i} \mathrm{e}^{-\lambda_j t} \begin{cases} \dfrac{\prod\limits_{k=r}^{i-1} \lambda_k}{\prod\limits_{k=r, k \neq j}^{i} (\lambda_k - \lambda_j)} & \text{für } k, r \leqq i-1 \\ 1 & \text{für } k = r = i \end{cases} \tag{27}$$

läßt sich auch für verzweigte Zerfallsreihen verwenden, wenn durch geeignete Aufteilungen lineare Zerfallsreihen erzeugt werden können. Die λ_k-Werte im Zähler von (27) sind dann durch die Produkte $\lambda_k w_{ki}$ zu ersetzen. Außerdem sind eventuell doppelt auftretende $N_r(0)$-Werte zu korrigieren. In Abbildung 28 ist der Anteil einiger wichtiger Radionuklide in einem Spaltproduktgemisch als Funktion der Zeit dargestellt.

Obwohl als unterirdische Kernexplosionen solche bezeichnet werden, bei denen sich praktisch keine Effekte an der Oberfläche zeigen, ist es möglich, daß radioaktive Stoffe in die Umwelt des Menschen gelangen. (Auf die radioaktive Kontamination der Produkte, die mittels friedlicher Kernexplosionen gewonnen werden sollen, ist noch gesondert einzugehen.) Dieser Austritt radioaktiver Stoffe ist auf folgende Weisen möglich:

durch Entweichen radioaktiver Stoffe während oder kurz nach der Explosion infolge eines Unfalls bei der Explosionsdurchführung,

durch das Freisetzen radioaktiven Gases beim Wiedereindringen in den Explosionsbereich,

durch den Eintritt radioaktiver Substanzen in das Grundwasser und

durch Diffusion von radioaktivem Material durch Spalten und Risse im Gestein.

Erfahrungen der ehemaligen USA-Atomenergiekommission aus 270 unterirdischen Kernexplosionen zeigen [19], daß bei Explosionstiefen

$$h_E \geqq 120\, W^{\frac{1}{3}} \tag{28}$$

der Austritt radioaktiven Gases unwahrscheinlich ist. Es kann aber nicht ausgeschlossen werden, daß durch Spalten und Risse im Gestein trotzdem radioaktive Stoffe an die Erdoberfläche gelangen. Doch dauert es eine beträchtliche Zeit, bis auf diese Weise radioaktive Explosionsprodukte in die Atmosphäre kommen können. Nur Edelgasisotope oder sehr flüchtige Elemente (wie die Halogene) finden relativ schnell ihren Weg zur Oberfläche. Die Radionuklide, die mit der größten Wahrscheinlichkeit die Atmosphäre erreichen, sind ^{85m}Kr,

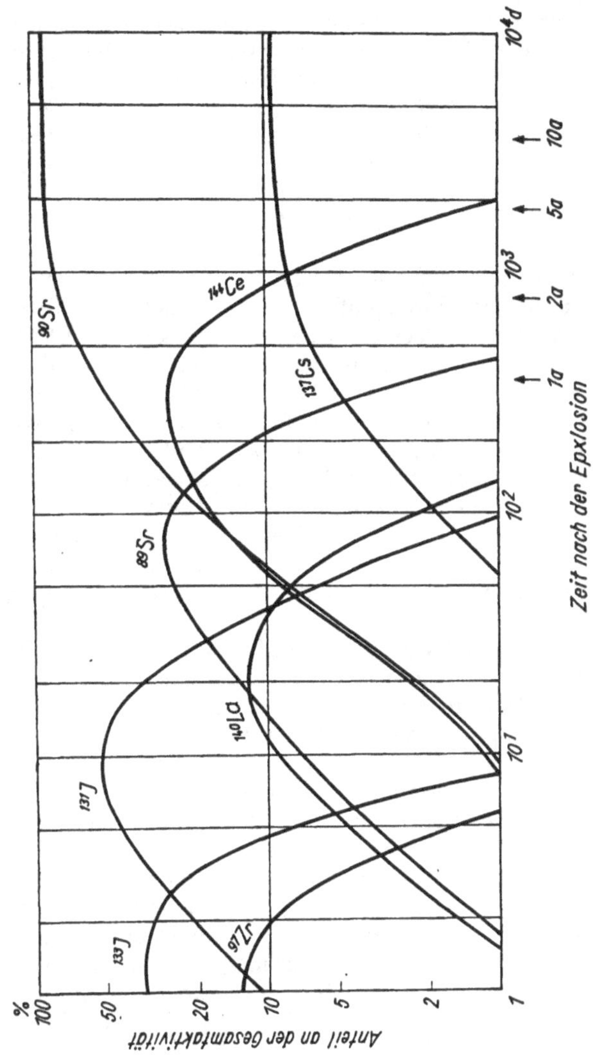

Abb. 28. Anteil einiger wichtiger Spaltproduktradionuklide an der Gesamtaktivität als Funktion der Zeit (nach [13])

^{87}Kr, ^{88}Kr, ^{133}Xe, ^{135}Xe und ^{138}Xe [75]. Bei einer quantitativen Abschätzung des Gasaustritts ist zu beachten, daß sich innerhalb einer Zerfallsreihe nichtgasförmige Produkte (wie ^{88}Rb und ^{138}Cs) bilden können. In vielen Fällen lassen sich Exponentialansätze für den Gasaustritt aus einem Hohlraum verwenden, die eingehenden Konstanten sind aber nur experimentell zu bestimmen. Untersuchungen in der UdSSR zeigten eine starke Fraktionierung austretender radioaktiver Stoffe [6].

Obwohl unterirdische Kernexplosionen meist in so großen Tiefen durchgeführt werden, daß die Wahrscheinlichkeit für einen Austritt radioaktiver Stoffe extrem klein ist [19], treten bei bestimmten Anwendungen friedlicher Kernexplosionen zusätzlich Austrittsmöglichkeiten auf. Bei der in-situ-Aufbereitung von Ölschiefer zum Beispiel (siehe Abschnitt 2.1.2.) sind neben dem Durchbruch radioaktiven Materials aus dem Hohlraum in die Atmosphäre auch das Entweichen radiovaktiven Gases während der Destillation, die Bewegung radioaktiver Stoffe im Öl und Wasser beim Pumpen aus dem Kamin sowie ihr Eintritt in das Grundwasser zu beachten [48, 77].

Um in Unfallsituationen auf den Austritt radioaktiven Gases vorbereitet zu sein, lassen sich durch Fernmonitore zur Flächenüberwachung Daten bei einem Gasaustritt gewinnen, mit denen sich unter Beachtung der örtlichen meteorologischen Bedingungen die Strahlenbelastung vorhersagen läßt [81].

Zusammenfassend kann deshalb zum Gasaustritt bei einer unterirdischen Kernexplosion festgestellt werden, daß ein Unfallauswurf kurz nach einer Explosion infolge vorher nicht genau genug erkundeter geologischer Bedingungen, wegen zu geringer Explosionstiefe oder wegen Fehlern in den mechanischen Vorrichtungen sehr unwahrscheinlich ist. Selbst bei einem langsamen Durchdringen radioaktiver Substanzen bis in die Atmosphäre ergeben sich sehr kleine Strahlenbelastungen. In Tabelle 15 ist die Gesamtstrahlenbelastung für alle Belastungsmöglichkeiten (Submersion des Gesamtkörpers, Inhalation und Ingestion) bei 24stündigem

Tabelle 15. Strahlenbelastung infolge Gasaustritts bei unterirdischen Kernexplosionen (nach [77] [1])

Strahlenbelastung	Rio-Blanco-Experiment	Ölschiefer-aufbereitung	Kupfer-gewinnung
individuelle Dosis (in mrem)	$7 \cdot 10^{-3}$	$2 \cdot 10^{-1}$	$7 \cdot 10^{-4}$
Populationsdosis in 1000 km Entfernung (in Mann · rem [2]))	ca. 0,5	<15	ca. 0,05

[1]) Siehe auch Erklärungen im Text.
[2]) Die „Einheit“ Mann-rem wird benutzt, um die Strahlenbelastung der Gesamtbevölkerung eines Staates auszudrücken. Diese Strahlenbelastung ergibt sich aus der Summe der Einzelbelastungen (siehe dazu z. B. [12]).

Durchsickern angegeben. (Dabei ist zu beachten, daß die Berechnungen für USA-Bedingungen angegeben sind und daß weitere vorausgesetzte Werte – wie die Bevölkerungsdichte –, um solche Belastungswerte ausrechnen zu können, der Übersicht halber nicht mit vermerkt sind.)

Beim Wiedereindringen in den Explosionsbereich können radioaktive Produkte in die Atmosphäre gelangen. In der Regel vergehen jedoch mehrere Monate bis zur Erschließung dieses Gebietes. Dringt man dann in das Explosionsgebiet wieder ein, sind bei einer Wartezeit von etwa einem halben Jahr praktisch nur noch ^{85}Kr und ^{3}H von Bedeutung, die unter Kontrolle an die Umgebung abgegeben werden können [19]. Auf diese Weise läßt sich die Strahlenbelastung der Bevölkerung in der Hauptwindrichtung stark vermindern.

Von Bedeutung ist bei jeder Kernexplosion, daß die Kontamination von grundwasserführenden Schichten vermieden wird. Bei den meisten unterirdischen Kernexplosionen ist es möglich, solche Explosionsstellen auszuwählen, die von wasserführenden Schichten, die für die Trinkwasserversorgung genutzt werden, weit entfernt sind [19]. Die Wanderung der radioaktiven Substanzen aus dem Hohlraum-Kamin-Gebiet entlang von Wasseradern wurde deshalb intensiv untersucht. Wegen der langsamen Bewegung in den Wasseradern kommen nur langlebige Radionuklide in Betracht. Die biologisch wichtigsten von ihnen werden im Hohlraum in relativ unlöslicher Form zurückgehalten. Außerdem wird ihr Transport durch Adsorption an Ton sehr verlangsamt. Nur Tritium, bei dem das nicht auftritt, erscheint in signifikanten Konzentrationen weit entfernt vom Explosionspunkt [6]. Da aber bei manchen Anwendungsfällen eine Grundwasserbeeinflussung nicht ausgeschlossen werden kann – wie bei der Ölschieferaufbereitung und bei der Kupfergewinnung – sind in jedem Falle genaue hydrologische Untersuchungen erforderlich [78].

Bei unterirdischen Kernexplosionen können radioaktive Stoffe auch in die zu gewinnenden oder zu speichernden Produkte wie Gas, Öl usw. gelangen [82, 83]. Die experimentellen Untersuchungen bei Gasstimulierungsprojekten (Gasbuggy, Rulison, Rio Blanco z. B.) zeigten, daß die Probleme der radioaktiven Gaskontamination gering und kontrollierbar sind. Es ist aber darauf zu achten, daß Gas, Öl und andere Produkte nicht aus der unmittelbaren Explosionszone entnommen werden. Das Hauptproblem ist die Kontamination des Gases mit Tritium, da sich durch Austauschreaktionen rasch HT und T-haltige Kohlenwasserstoffe bilden. Ausführlich wurde dieser Effekt zum Beispiel beim Gasbuggy-Experiment, das im Dezember 1967 in den USA stattfand, studiert. In Abbildung 29 ist die Tritiumkonzentration von zwei Verbindungen als Funktion der Zeit dargestellt. Zum Vergleich ist die ^{85}Kr-Konzentration mit eingetragen. Im Falle der Gasbuggy-Explosion war die Tritiumkonzentration des Gases besonders groß. [75] Beim Rulison-Experiment (Explosionsstärke 40 kt) wurden zum Beispiel etwa 30 TBq ^{85}Kr [85], etwa 33 TBq ^{3}H und wenig ^{14}C in etwa $6 \cdot 10^{6}$ m^{3}

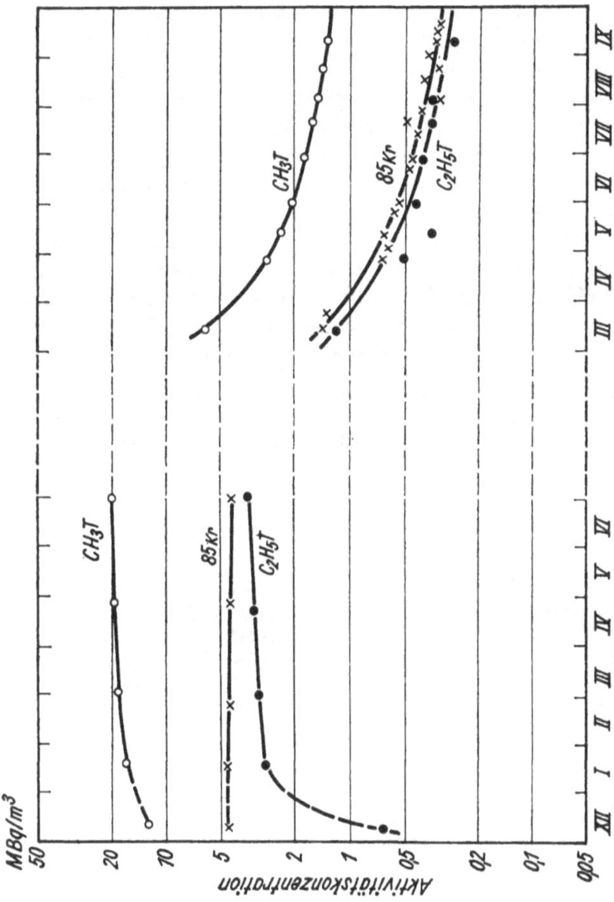

Abb. 29. ^{3}T- und ^{85}Kr-Konzentration beim Gasbuggy-Experiment als Funktion der Zeit (nach [75])

Gas [56] gebildet. Bei der Kupferauslaugung hat sich gezeigt, daß Ruthenium als einziges Spaltprodukt die Tendenz hat, Kupfer zu folgen. Elektrolytische Raffination sorgt für die weitgehende Entfernung des Rutheniums [19].

Von besonderem Interesse ist die Abschätzung der Strahlenbelastung, die sich infolge der nuklearen Gasstimulation ergibt. Die Radionuklidkonzentration im Gas wird durch die Auslegung und Abschirmung der Sprengeinrichtung, durch die chemischen Bestandteile in der Gasformation und die je Volumeneinheit abgegebenen Gases verwendete Explosionsstärke bestimmt. Die Bestrahlungswahrscheinlichkeit ergibt sich aus der Art der Nutzung und den örtlichen klimatischen Bedingungen. Eine Tritium-Konzentration von 0,15 MBq/m^3 im Gas würde eine hinreichend kleine Strahlenbelastung der Bevölkerung gewährleisten. [79] In Tabelle 16 ist das Ergebnis entsprechender Untersuchungen angegeben. Die Angaben in dieser Tabelle erlauben nicht nur einen Vergleich mit anderen nuklearen Gefahren, sondern geben gleichzeitig eine Vorstellung

Tabelle 16. Vergleich der geschätzten Anzahl von Toten in den USA durch den natürlichen Strahlungsuntergrund und zivilisatorische Strahlenbelastungen mit der Anzahl von Toten infolge anderer Ursachen (nach [79])

Todesursache	Anzahl der Toten	Anzahl der Toten je Million Einwohner
alle Ursachen	1 930 082	9 660
Herzkrankheit	744 658	3 730
Krebs	318 547	1 590
Schlaganfall	211 390	1 060
Unfall	114 864	570
Pneumonie	66 430	330
Diabetes mellitus	38 352	190
Ateriosclerose	33 568	170
natürliche Untergrundstrahlung (0,1 rem/a)	3 400	17
zivilisatorische Strahlungsquellen		
medizinische Röntgendiagnostik	4 000	20
Fallout von Kernwaffen	80	0,4
Verbrauchergeräte	80	0,4
nuklear stimuliertes Erdgas		*0,1*
industrielle Anwendung von Strahlung	<40	<0,2
Leistungsreaktoren	<40	<0,2

vom Einfluß der Kernenergie im Verhältnis zu anderen Ursachen, die eine Schädigung des Menschen und gegebenenfalls seinen Tod herbeiführen können. Bevölkerungsdosen durch nuklear stimuliertes Gas wurden erstmals beim Gasbuggy-Projekt untersucht. In Tabelle 17 sind anfängliche Radionuklidkonzentrationen für

Tabelle 17. Anfängliche Radionuklidkonzentrationen im Gas bei verschiedenen Stimulationsexperimenten [85]

Radionuklid	Radionuklidkonzentration (in MBq/m^3)		
	Gasbuggy	Rulison	Rio Blanco
^3T	26	6,5	1,0
^{85}Kr	4,1	5,6	16

drei Stimulationsexperimente zusammengestellt. Solche Angaben sind die Voraussetzung, um die erforderlichen Schritte „Quellenbeschreibung – Systemverdünnung – Verdünnung der Verbrennungsprodukte – Dosisabschätzungen“ gehen zu können. In Tabelle 18 sind

Tabelle 18. Bevölkerungsbelastung durch die Radioaktivität von Produkten [77]

Anwendung	Strahlenbelastung	
Gasstimulation	<1 mrem/a	etwa 14000 Mann · rem
Ölschiefergewinnung	0,1 mrem/a	1500 Mann · rem
Kupfergewinnung	1 mrem/a	<7000 Mann · rem

schließlich Belastungswerte auch für andere durch Kernexplosionen gewonnene Produkte zusammengestellt. Die angegebene Belastung ist – abgesehen von der beruflichen Belastung bei der nuklearen Kupfergewinnung – immer die größte, die eine Einzelperson erhalten kann. Sie beträgt trotzdem nur weniger als 1% der natürlichen Strahlenbelastung [77]. Probleme der Gaskontamination könnten auch dadurch verringert werden, daß das Gas in zentralen Elektrizitätswerken verwendet wird oder für andere Zwecke, bei denen

Personen in geringem Maße mit ihm in Berührung kommen [52]. Jedenfalls wurde in den USA nuklear stimuliertes Gas bisher noch nicht für den öffentlichen Verbrauch freigegeben.

3.2.2. Radiologische Effekte bei kratererzeugenden Kernexplosionen

Der Entstehungsmechanismus von Radionukliden bei kratererzeugenden Kernexplosionen ist prinzipiell der gleiche wie bei einer unterirdischen Explosion. In beiden Fällen hängt die Zusammensetzung des entstehenden Radionuklidgemisches von den Explosionsbedingungen ab, das heißt sowohl von den Eigenschaften der Kernsprengeinrichtung als auch von den Eigenschaften des Mediums am Explosionsort. Eine Besonderheit besteht darin (s. u.), daß in vielen Fällen für kratererzeugende Kernexplosionen solche Sprengeinrichtungen verwendet werden, bei denen der Fusionsanteil der freigesetzten Energie überwiegt, bei denen also relativ wenig Spaltprodukte entstehen. Da bei einer kratererzeugenden Kernexplosion die Explosionserscheinungen nicht auf das Erdinnere beschränkt sind, sondern sich auch an der Erdoberfläche zeigen, können radioaktive Substanzen in die Atmosphäre entweichen bzw. im Krater oder in der Nähe des Kraters abgelagert werden. Dieser Austritt radioaktiver Substanzen führt zu andersartigen Sicherheitsproblemen als bei unterirdischen Kernexplosionen.

Die bei einer kratererzeugenden Kernexplosion freigesetzten Radionuklide können auf zwei Weisen die Umwelt kontaminieren:

durch Zurückfallen radioaktiver Explosionsprodukte in den Krater oder die unmittelbare Kraterumgebung und

durch Fallout aus der radioaktiven Wolke, die sich bei der Explosion bildet und sich einige Minuten nach der Explosion stabilisiert hat (stabilisierte Wolke).

Bei optimaler Kratertiefe verbleiben 80 bis 90% der radioaktiven Stoffe in Kraternähe [86, 113], das heißt direkt in der Kraterzone in einem Umkreis von einigen zehn bis hundert Metern für Explosionsstärken zwischen 1 und 100 kt und in der unmittelbaren Umgebung des Kraters, das heißt bis zu einer Entfernung von etwa 1 km [75, 113].

Die Explosionswolke hat das in Abbildung 30 schematisch angegebene Aussehen. Für die noch zu behandelnde

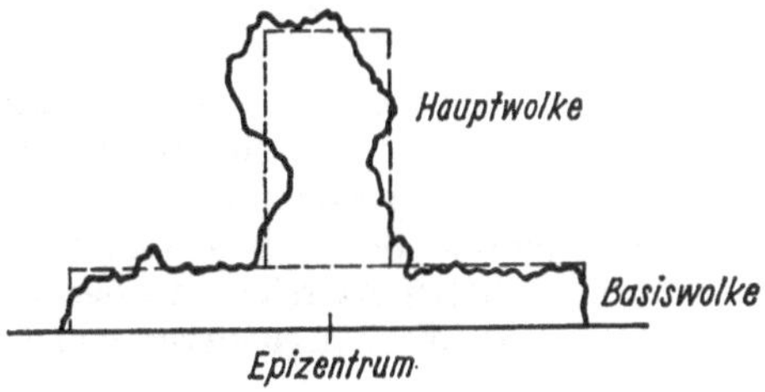

Abb. 30. Typische Wolkenform bei einer kratererzeugenden Kernexplosion (nach [86])

Ausbreitung der in der Wolke enthaltenen Radionuklide legt man eine – in Abbildung 30 gestrichelt dargestellte – idealisierte Form zugrunde. Die Wolke enthält radioaktive Teilchen in einem sehr weiten Größenbereich sowie gasförmige radioaktive Produkte. Die Höhe der Wolke kann je nach der Explosionsstärke zwischen einigen hundert Metern und mehreren Kilometern betragen. Es ist zweckmäßig, die gesamte Wolke in die Hauptwolke und die Basiswolke zu unterteilen. In Tabelle 19 sind Abmessungen dieser Wolkenteile zusammengestellt.

Die in der Wolke enthaltenen Teilchen lagern sich im Laufe der Zeit ab. Dabei werden zwei Zonen unterschieden [75],

die Nahzone, in der sich die größten Teilchen aus der Hauptwolke und der Basiswolke ablagern und die will-

Tabelle 19. Ungefährliche Abmessungen der stabilisierten Wolke (nach [86])

Sprengeinrichtung Nr.	Explosionsstärke (in kt)	Basiswolke Durchmesser (in km)	Basiswolke Fußpunkthöhe (in km)	Basiswolke maximale Höhe (in km)	Hauptwolke Durchmesser (in km)	Hauptwolke Fußpunkthöhe (in km)	Hauptwolke maximale Höhe (in km)
1	170	16,0	0	1,2	2,4	1,2	4,8
5	170	27,0	0	1,7	5,0	1,7	6,4
10	170	32,0	0	2,4	6,5	2,4	8,0
20	170	38,0	0	3,4	7,0	3,4	12,5
1	650	24,0	0	3,0	4,8	3,0	6,1
10	650	46,0	0	4,6	8,0	4,6	17,0

kürlich mit dem Gebiet gleichgesetzt werden kann, in dem der Fallout innerhalb der ersten 24 Stunden nach der Explosion zur Erde zurückkommt, und

die Fernzone, die sich jenseits der Nahzone ausdehnt und bis zu einer solchen Entfernung reicht, in der sich der Fallout nach ein bis zwei Wochen niedergeschlagen hat.

Bei entsprechend großen Höhen der Hauptwolke ergibt sich eine weltweite Falloutablagerung, die unter Umständen Jahre andauern kann, dabei allerdings außerordentlich gering ist.

Ein großer Teil der radioaktiven Stoffe lagert sich in nicht zu großer Entfernung vom Explosionsort ab. Über 90% können innerhalb einer Entfernung von 10 km die Erde wieder erreichen. Je größer die reduzierte Explosionstiefe ist, desto geringer ist meist der Anteil der radioaktiven Stoffe, der entkommen kann [19]. Damit nimmt auch der Anteil der in der Nahzone abgelagerten Radionuklide an der insgesamt gebildeten Radioaktivität mit zunehmender reduzierter Explosionstiefe ab, wie durch experimentelle Untersuchungen bestätigt werden konnte (Abb. 31). Welche Radionuklide bei einer kratererzeugenden Kernexplosion gebildet werden und deren Aktivitäten sind in Tabelle 20 angegeben.

Die Erfahrungen mit kratererzeugenden Kernex-

Tabelle 20. Erwartete Auswurfmengen (in TBq zum Explosionszeitpunkt) ausgewählter wichtiger Radionuklide für eine kratererzeugende Kernexplosion der Stärke 170 kt (nach [86])

Radionuklid	Halbwertszeit (in s)	freigesetzte Aktivität (in TBq) Fallout	Hauptwolke	Basiswolke
ausgewählte Spaltprodukte				
^{90}Sr	$8{,}82 \cdot 10^{8}$	0,041	0,0074	0,0019
^{103}Ru	$3{,}46 \cdot 10^{6}$	37	5,9	0,52
^{106}Ru	$3{,}15 \cdot 10^{7}$	3,0	0,48	0,037
^{131}J	$6{,}91 \cdot 10^{5}$	89	19	1,5
^{133}J	$7{,}20 \cdot 10^{4}$	1 500	260	22
^{137}Cs	$2{,}59 \cdot 10^{8}$	0,056	0,022	0,0074
thermonukleare Reaktionsprodukte				
^{3}H	$3{,}78 \cdot 10^{8}$	19 000	37 000	19 000
innere Aktivierungsprodukte				
^{48}Sc	$1{,}56 \cdot 10^{5}$	590	52	3,3
^{181}W	$1{,}04 \cdot 10^{7}$	1 100	190	22
^{185}W	$6{,}48 \cdot 10^{6}$	2 200	370	41
^{187}W	$8{,}64 \cdot 10^{4}$	30 000	5 200	520
^{203}Hg	$4{,}06 \cdot 10^{6}$	110	19	2,2
^{202}Tl	$1{,}04 \cdot 10^{6}$	2 600	440	44
^{203}Pb	$1{,}87 \cdot 10^{5}$	150 000	22 000	2 600
Boden aktivierungsprodukte *				
^{24}Na	$5{,}40 \cdot 10^{4}$	ca. 19 000	ca. 370	ca. 37
^{32}P	$1{,}21 \cdot 10^{6}$	44	8,9	0,74

* Erzeugung abhängig von der Abschirmung der Sprengeinrichtung

plosionen, die durchgeführt wurden, haben gezeigt, daß es gelang, den Radioaktivitätsauswurf im Laufe der Jahre zu verringern [15]. Durch entsprechende Konstruktion der Sprengeinrichtung können die Radioaktivitätsanteile (Spaltprodukte, induzierte Radioaktivität, Spaltmaterialreste, Tritium) verändert werden, eine völlige Beseitigung ist jedoch nicht möglich. Bei einer Kraterbildung sollen möglichst wenig Beta- und Gamma-Strahler erzeugt werden. Das führt zur Ver-

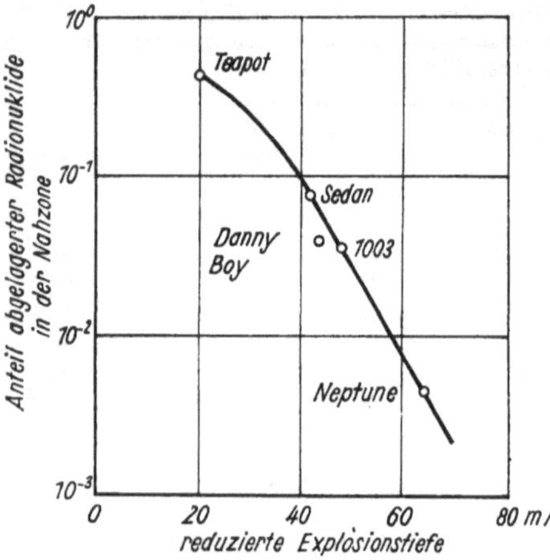

Abb. 31. Anteil abgelagerter Radionuklide in der Nahzone als Funktion der reduzierten Explosionstiefe (nach [75])

wendung von Fusionssprengeinrichtungen. Dadurch wächst aber die induzierte Aktivität. Wird die Neutronenflußdichte durch Neutronenabsorber – wie Bor – verringert, wächst andererseits die Tritium-Erzeugung. In den Abbildungen 32 und 33 sind als Beispiel die Spaltproduktanteile in der radioaktiven Wolke (Basis- und Hauptwolke) angegeben. [15] Tabelle 21 gibt einige experimentelle Erfahrungen von durchgeführten kratererzeugenden Kernexplosionen wieder.

Bisher wurden nur Angaben über Gesamtmengen ausgeworfener bzw. abgelagerter radioaktiver Stoffe gemacht. Für den Strahlenschutz ist es erforderlich, auch die örtliche Verteilung der Aktivität der Radionuklide zu kennen. Dazu müssen eine Reihe von Anfangsparametern sowie die meteorologischen Bedingungen am Explosionsort und in seiner näheren und weiteren Umgebung bekannt und entsprechende Ausbreitungsmodelle vorhanden sein sowie Kenntnisse über Fraktionierungsprozesse vorliegen.

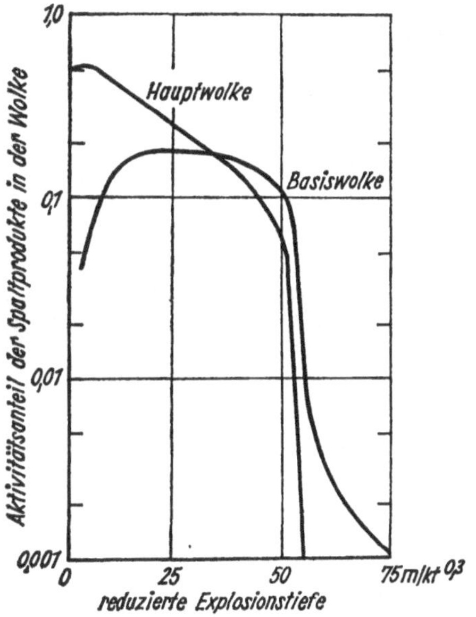

Abb. 32. Aktivitätsanteil der Spaltprodukte in der Wolke als Funktion der reduzierten Explosionstiefe für feuchte Medien (nach [15])

Um die radioaktive Kontamination eines Gebietes – ausgedrückt durch die Aktivität je Flächenelement (Flächenaktivität) – berechnen zu können, müssen u. a. folgende Parameter sobald wie möglich nach der Explosion bestimmt werden: die Abmessungen der radioaktiven Wolke, die Aktivität des radioaktiven Materials in der Wolke und dessen Verteilung in ihr, die Größenverteilung der radioaktiven Teilchen usw.

Es gibt eine sehr große Anzahl von Arbeiten, die sich mit der Falloutvorhersage befassen (siehe z. B. [86, 87, 88, 89, 90, 91]). Modelle unterschiedlicher Qualität und Anwendbarkeit sind gegenwärtig verfügbar. Falls es sich um gasförmige Substanzen oder um sehr kleine Teilchen handelt, ist es möglich, ein Modell auf der

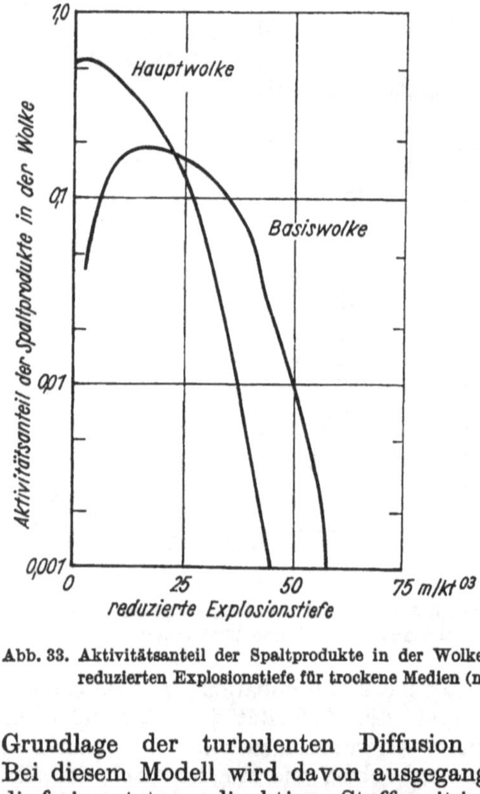

Abb. 33. Aktivitätsanteil der Spaltprodukte in der Wolke als Funktion der reduzierten Explosionstiefe für trockene Medien (nach [15])

Grundlage der turbulenten Diffusion anzuwenden. Bei diesem Modell wird davon ausgegangen, daß sich die freigesetzten radioaktiven Stoffe mit inaktiven Luftmassen vermischen und sich entsprechend den meteorologischen Bedingungen ausbreiten. Dadurch enthält die bodennahe Luft in der Umgebung des Explosionsortes bestimmte Mengen radioaktiver Stoffe. Die Berechnung dieser Aktivitätskonzentrationen ist wegen der Vielzahl der Faktoren, die die Ausbreitung radioaktiver Stoffe in der Atmosphäre beeinflussen, nur näherungsweise möglich. Bei der Methode, die auf der Lösung der Differentialgleichung der turbulenten Diffu-

8*

Tabelle 21. Experimentelle Ergebnisse bei kratererzeugenden Kernexplosionen in der UdSSR und den USA (nach [87])

Explosionsklasse	Bezeichnung der Explosion	Land	Explosionsstärke (in kt)	Explosionstiefe (in m)	erreichte Tiefe (in $m/kt^{0,3}$)	Gesteinsarten am Explosionsort	Höhe der Wolke (in km)	Aktivitätsanteil auf der Spur (in %)
Explosionen großer oder mittlerer Stärke	1004	UdSSR	>100	ca. 200	41	Sandstein	4,8	20
	Sedan	USA	100	193	50	Alluvium	3,6 – 4,2	4 – 17
	Schooner	USA	31	107	39	Tuff	4,0	–
Explosionen kleiner Stärke	Cabriolet	USA	2,3	52	44,8	Rhyolit	0,12	–
	1003	UdSSR	ca. 1,0	48	48	Sandstein	0,30	3,5
	Danny Boy	USA	0,42	33	43	Basalt	0,30	4 – 7
Explosionen sehr kleiner Stärke	T-I	UdSSR	0,2	31,4	51	Sandstein	0,20	0,2
	Sulky	USA	0,088	27,4	56	Basalt	–	–
Serienexplosionen	Buggy	USA	1 ×5	41,2	41,2	Basalt	0,66	–
	T-II	UdSSR	0,2×3	31,4	51	Porphyrite u. a.	0,45	0,3
	Kanal *	UdSSR	15 ×3	128	57	Alluvium	1,8	–

* Ergänzt nach persönlichen Informationen

sion beruht, wird von der Differentialgleichung

$$\frac{\partial c}{\partial t}=\sigma_x\frac{\partial^2 c}{\partial x^2}+\sigma_y\frac{\partial^2 c}{\partial y^2}+\sigma_z\frac{\partial^2 c}{\partial z^2} \tag{29}$$

für die Aktivitätskonzentration c ausgegangen. σ_x, σ_y und σ_z sind sogenannte Austauschkoeffizienten oder Dispersionsparameter, die die Ausbreitung entlang der x-, y- bzw. z-Achse beschreiben. Die Dispersionsparameter hängen vom Abstand des Aufpunktes vom Explosionsort und vom Wettertyp ab. Je größer der Abstand und je stabiler das Wetter ist, desto größer sind die Dispersionsparameter. [91] In Abbildung 34 sind für eine mittlere Wetterlage Linien gleicher Aktivitätskonzentration angegeben, wenn die Explosion am Orte $x=0$, $y=0$ stattfand und angenommen wird, daß die horizontale Ausbreitung von einem Punkt in einer bestimmten Höhe ausging. Die in Abbildung 34 dar-

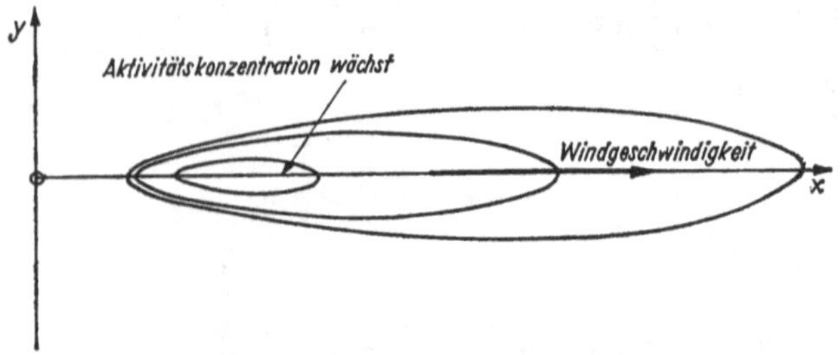

Abb. 34. Linien gleicher Aktivitätskonzentration bei einer Kernexplosion am Orte $x=y=0$

gestellte „radioaktive Spur“ gibt zwar wesentliche Eigenschaften der Aktivitätsverteilung wieder, sie idealisiert die Kontamination der Erdoberfläche bei kratererzeugenden Kernexplosionen jedoch viel zu stark. Das zugrunde gelegte Modell vernachlässigt zum Beispiel die ausgedehnte räumliche Anfangsverteilung der Aktivität, die Größenverteilung der radioaktiven Teilchen, das vertikale Windprofil und andere Ausgangsgrößen. In Abbildung 35 ist schematisch angegeben, wie der

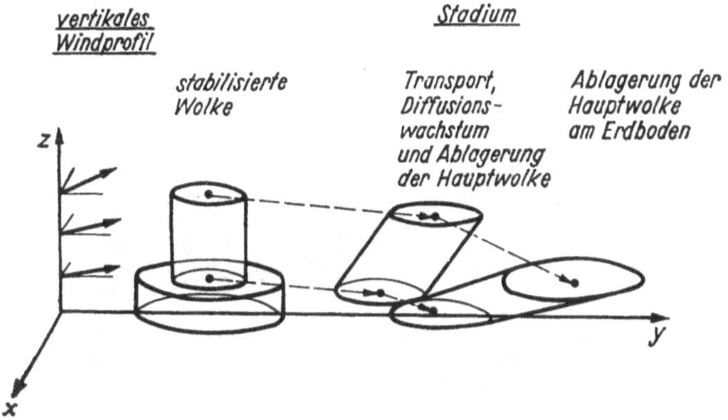

Abb. 35. Modell für den Transport, die Diffusion und die Ablagerung der Wolke (nach [86])

Ausbreitungsprozeß modelliert wird, wenn das vertikale Windprofil berücksichtigt und von der stabilisierten Wolke ausgegangen wird. Die rechnerische Auswertung komplizierter Ausbreitungsmodelle ist meist sehr aufwendig.

Als Ergebnisse genauerer Rechnungen ist in Abbildung 36 die Niederschlagsdichte für den nahen, mittleren und fernen Fallout für die UdSSR-Explosion 1003 angegeben [89]. Ein Vergleich gemessener und berechneter Kurven ist in Abbildung 37 vorgenommen worden [88]. Bei dem entsprechenden Rechenprogramm wurde von der stabilisierten Wolke ausgegangen. Die großen Teilchen kommen vor allem durch die Gravitationskraft zur Oberfläche zurück. Für kleine Teilchen ist es die turbulente Diffusion in der Atmosphäre. Vorhersagen sollen für die ersten zehn bis hundert Kilometer vom Epizentrum möglich sein [88].

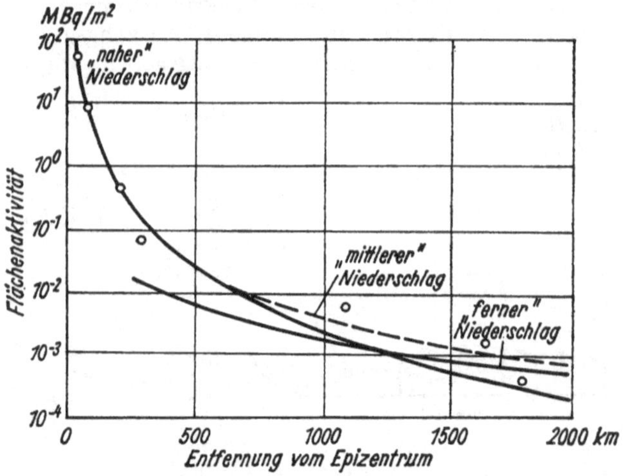

Abb. 36. Flächenaktivität des nahen, mittleren und fernen Fallout bei der Explosion 1003 als Funktion der Entfernung vom Epizentrum (nach [89])
(Die gestrichelte Kurve ist die Summe aus der Nah- und Fernkurve)

Bei allen Untersuchungen zur Ausbreitung der radioaktiven Teilchen ist zu beachten, daß sich die Teilchengrößenverteilung in der Wolke nach der Explosion verändert, die Isotopenhäufigkeit in einer Zerfallsreihe zeitabhängig ist und weitere Prozesse dazu führen, daß eine Fraktionierung bestimmter Radionuklide vorkommt. Die Berücksichtigung von Fraktionierungsprozessen ist außerordentlich kompliziert. In Tabelle 22 sind für ein Beispiel Anreicherungskoeffizienten für verschiedene Radionuklide zusammengestellt.

Die Untersuchungen zur Ausbreitung der bei kratererzeugenden Kernexplosionen gebildeten radioaktiven Substanzen ist erforderlich, um die Strahlenbelastung der Bevölkerung abschätzen zu können. Auch weit vom Epizentrum entfernt wohnende Menschen müssen bei der Festlegung der entsprechenden Sicherheitsstandards

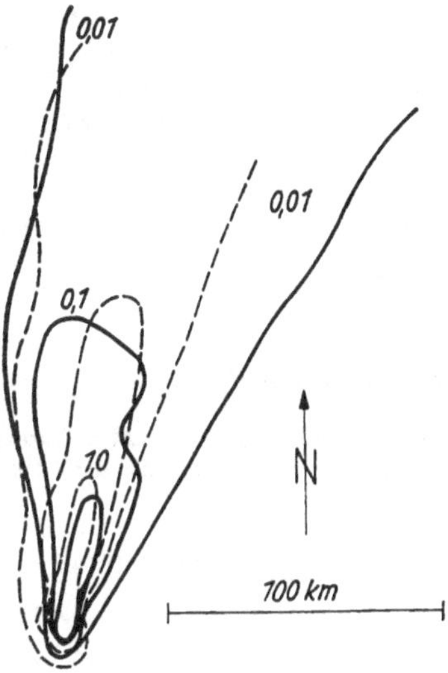

Abb. 37. Vorhergesagte und beobachtete Isodosen 1 Stunde nach der Explosion beim Sedan-Versuch (nach [88])
gestrichelte Kurven: vorhergesagte Expositionsdosisleistungen (in R/h)
ausgezogene Kurven: beobachtete Expositionsdosisleistungen (in R/h)
(1 R/h = 0,717 · 10^{-7} C/kg s)

Tabelle 22. Anreicherungskoeffizienten für verschiedene Radionuklide, relativ zu ^{95}Zr, in der Wolke und im zurückfallenden Material bei der Explosion 1003 (nach [75])

Zeit nach der Explosion	Ort der Probenahme	^{144}Ce	^{141}Ce	^{103}Ru	^{140}Ba	^{131}J	^{137}Cs	^{89}Sr
3 Sekunden	Staubwolke über dem Epizentrum	0,89	1,07	0,8	0,79	0,96	0,25	$1 \cdot 10^{-3}$
1,5 Stunden	Wolke, 70 km vom Explosionsort entfernt	0,89	4,9	3,35	37,4	0,175	34,8	93
–	zurückfallendes Material	0,94	1,6	0,34	0,83	0,42	0,226	0,176

berücksichtigt werden [92]. Die Bevölkerung im Abwindsektor einer solchen Kernexplosion kann auf folgende Weise eine Strahlenbelastung erfahren:

durch Submersion in der passierenden Wolke, was zu einer äußeren Bestrahlung und bei Inhalation auch zu einer inneren Bestrahlung führt, und

durch abgelagerte Radionuklide, die entweder ebenfalls eine äußere Bestrahlung verursachen oder durch Ingestion über die Nahrungsmittelketten Anlaß für eine innere Bestrahlung sind.

In den Tabellen 23 und 24 sind als Beispiel Angaben

Tabelle 23. Beitrag von Radionukliden zur Expositionsdosisleistung der Fallout-Gamma-Strahlung für eine kratererzeugende Explosion der Stärke 170 kt (nach [86])

Radionuklid	Beitrag zur Expositionsdosisleistung (in %) Zeit nach der Explosion			
	1 Stunde	1 Tag	1 Woche	1 Jahr
Aktivierungsprodukte				
^{24}Na	3	27	0,4	–
^{46}Sc	0,1	2	2	–
^{181}W	–	–	1	76
^{187}W	1	11	2	–
^{203}Hg	–	–	0,4	1
^{203}Pb	2	46	75	–
kurzlebige Nuklide (^{56}Mn, ^{202m}Pb, ^{204m}Pb usw.)	82	7	–	–
andere Nuklide	–	1	13	11
relative Expositionsdosisleistung	1	0,04	0,003	$5 \cdot 10^{-6}$

über die äußere Strahlenbelastung durch Gamma-Strahlung emittierende Nuklide, die sich bei einer kratererzeugenden Kernexplosion bilden, enthalten.

Die Erfahrungen haben gezeigt [93], daß bereits mit Näherungsmodellen die Strahlenbelastung der Bevölkerung infolge der Ausbreitung radioaktiver Substanzen in der Atmosphäre bei kratererzeugenden Kernexplosionen abgeschätzt werden kann. Es gibt darüber hinaus mathematische Modelle, die Aussagen über die innere

Tabelle 24. Beitrag von Radionukliden zur Expositionsdosis der Fallout-Gamma-Strahlung für eine kratererzeugende Explosion der Stärke 170 kt (nach [86])

Radionuklid	Beitrag zur Expositionsdosis (in %) Dauer der Exposition nach der Explosion 1 Stunde bis ∞	1 Woche bis ∞	1 Jahr bis ∞
Aktivierungsprodukte			
^{24}Na	11	–	–
^{46}Sc	1	0,6	–
^{181}W	3	21	62
^{187}W	5	0,3	–
^{203}Hg	0,4	3	0,4
^{203}Pb	31	29	–
kurzlebige Nuklide (^{56}Mn, ^{202m}Pb, ^{204m}Pb usw.)	42	–	–
andere Nuklide	1	34	11
relative Expositionsdosis	1	0,1	$5 \cdot 10^{-3}$

Strahlenbelastung zulassen. Diese Modelle bilden die verschiedenen biogeochemischen Zyklen nach, in die Radionuklide aus kratererzeugenden Explosionen eintreten können und die Ausgangspunkt für die Aufnahme radioaktiver Substanzen in den menschlichen Organismus über die Nahrungskette Boden–Pflanze–Tier–Mensch sind.

Das Ziel bei allen diesen Belastungsabschätzungen besteht darin, ein spezielles Projekt so zu gestalten, daß die potentiellen biologischen Gefahren minimal sind. Das bedeutet zum Beispiel im einzelnen,

solche Kernsprengsätze zu benutzen, die speziell für kratererzeugende Sprengungen entworfen wurden und ein Minimum an biologisch gefährlichen Radionukliden liefern,

die Explosion bei genau definierten meteorologischen Bedingungen durchzuführen und

gegebenenfalls vor der Explosion auch die zeitweise Evakuierung der Bevölkerung aus gefährdeten Gebieten zu veranlassen.

Es gibt gegenwärtig noch keine international anerkannten Grenzwerte für zulässige Strahlenbelastungen infolge friedlicher Anwendungen der Kernenergie auf speziellen Gebieten, also auch nicht für friedliche Kernexplosionen. Es wurden aber Wege vorgeschlagen, wie Sicherheitskriterien für friedliche Kernexplosionen vom Standpunkt des Strahlenschutzes erarbeitet werden können [113]. Es existieren auch Überlegungen, wie sich die allgemeinen Richtlinien und Dosisgrenzwerte der ICRP nutzen lassen, um die Konsequenzen solcher Explosionen für die Bevölkerung abzuschätzen [115]. Obwohl die Festlegung von international verbindlichen Grenzwerten noch aussteht, scheint jedoch sicher zu sein, daß höchstens ein Wert von etwa 1% der von der ICRP empfohlenen Dosis von 5 rem/30 a als zulässige Belastung akzeptiert werden würde.

3.3. Sonstige Effekte

Mit Hilfe der friedlichen Kernexplosionen können technische Projekte mit zum Teil bisher unbekanntem Ausmaß verwirklicht werden. Damit sind aber auch langzeitige Auswirkungen auf die Umwelt des Menschen verbunden. Große Kanalbauprojekte beeinflussen zum Beispiel möglicherweise das Klima, die Wasserressourcen, die Tier- und Pflanzenwelt usw. auch in unbeabsichtigter, negativer Weise. Solche Effekte sind aber nicht typisch für Kernexplosionen, wenngleich bestimmte Fragen erst im Zusammenhang mit der friedlichen Anwendung von Kernexplosionen Bedeutung erlangen. Wie bei allen Großprojekten, die die Umwelt des Menschen beeinflussen, sind gründliche Studien über mögliche nachteilige Folgen notwendig.

4. Ausblick

4.1. Nationale Programme

Es gibt auf Grund der potentiellen Möglichkeiten gegenwärtig nur wenige Länder (UdSSR, USA, Frankreich und – im begrenzten Umfang – Großbritannien), die ein umfassendes eigenständiges Programm für die Erforschung und Anwendung friedlicher Kernexplosionen haben. Größer ist die Anzahl der Staaten, die die Möglichkeit, Kernexplosionen unter der Vermittlung der IAEA auszuführen, zur Lösung verschiedener grundlegender Probleme ihrer Wirtschaft in Betracht ziehen. Groß ist aber auch die Anzahl der Länder, die sich mit Sicherheitsaspekten und Problemen der Umweltbeeinflussung sowie des Strahlenschutzes befassen. Im weiteren wird ein Überblick über einge Projekte in verschiedenen Ländern gegeben.

Die *UdSSR* führt systematische Untersuchungen zum Gesamtkomplex der Anwendung von Kernexplosionen für friedliche Zwecke durch. Kanalbauprojekte, die Probleme des Dammbaus u. a. werden ebenso experimentell und theoretisch untersucht wie die Fragen der Gewinnung von Bodenschätzen und der Schaffung von unterirdischen Speichern [94, 123]. Die Errichtung von Wasserspeichern und die Löschung außer Kontrolle geratener Gasbohrlöcher können bereits als Methoden eingeschätzt werden, die in der UdSSR zur technischen Perfektion entwickelt wurden. Sehr viel wird aufgewendet, um alle Fragen des Schutzes des Menschen und seiner Umwelt vor den potentiellen Gefahren friedlicher Kernexplosionen zu klären und entsprechende praktische Schlußfolgerungen zu ziehen.

In den *USA* ist das Hauptaugenmerk auf die Entwicklung der Technologie für die Gewinnung und Nutzung von Bodenschätzen, in erster Linie von Naturgas, gerichtet [52]. Drei groß angelegte Feldexperimente

(Gasbuggy, Rulison, Rio Blanco) dienten diesem Ziel. Wichtig ist dabei, daß in erster Linie Fragen der Ökonomie, des Gesundheitsschutzes und der Sicherheit Beachtung geschenkt wird. Probleme der Kosten-Nutzen-Vergleiche auch für die Anwendung von Kernexplosionen für friedliche Zwecke bearbeitet die Energy Research and Development Administration (ERDA), die neben der Nuclear Regulatory Commission (NRC), der die Regulierung der nuklearen Aktivitäten der Privatindustrie obliegt, eine Nachfolgeeinrichtung der am 20. 1. 1975 aufgelösten US Atomic Energy Commission (AEC) darstellt [95, 117].

Von *Frankreich* wurde 1969 eine spezielle Organisation gebildet, die sich mit dem genauen Studium von Projekten befaßt, die die Anwendung von Kernexplosionen zum Ziel haben [96]. Entsprechend den Bedingungen im Lande sind die Untersuchungen im wesentlichen auf mögliche Anwendungen unterirdischer Kernexplosionen gerichtet. Dazu zählen Fragen der Gas- und Ölstimulation, der Schaffung von Speichern für flüssige oder gasförmige Kohlenwasserstoffe, die Gewinnung von Erzen, die Löschung von unerwünschten Gasfackeln sowie gegebenenfalls die Verwendung von Gasen, die sich durch chemische Reaktionen im Gestein bilden [96, 97, 98, 99, 122].

In *Großbritannien* stehen bei der Anwendung von Kernexplosionen für friedliche Zwecke Probleme im Vordergrund, die mit der Sicherung der Energiebasis zusammenhängen. Neben der Öl- und Gasspeicherung, der Gasstimulierung, der Gewinnung von Öl aus Schiefer und Ölsand u. a. unter den auch in anderen Ländern bekannten Bedingungen interessieren vor allem Projekte unter dem Meeresboden. Diese Forderungen ergeben sich aus den spezifischen Problemen und der geographischen Lage dieses Landes [100, 118].

Indien gehört zu den Ländern, die selber Kernexplosionen durchführen können. Über die im Mai 1974 in Indien erfolgte Kernexplosion für friedliche Zwecke wurde berichtet [38]. Wesentliche Aktivitäten sind auf die Erschließung natürlicher Ressourcen mittels friedlicher Kernexplosionen orientiert.

Australien verfolgt aufmerksam die laufenden Programme für den Tiefbau und für die Gewinnung von Bodenschätzen [101]. Auch die Industrie *Schwedens* informiert sich über die Entwicklung dieser neuen Technologie [102, 121].

Die *BRD* diskutiert nicht die Anwendung von Kernexplosionen für friedliche Zwecke im eigenen Lande. Eine 1972 durchgeführte Studie über die Anwendung von Kernexplosionen für die Untergrundgasspeicherung zeigte, daß die seismischen Effekte eine Anwendung in der BRD wegen der großen Bevölkerungsdichte ausschließen. Die BRD hat aber ihr aktives Interesse bei der Entwicklung der Technologie, insbesondere für die Erzeugung von unterirdischen Gas- und Ölspeichern bekundet. Firmen sind interessiert, an Projekten mitzuarbeiten, wo große Erfahrungen in der konventionellen Technik vorliegen (Hafenbau, Kanal- und Dammbau, unterirdische Höhlen usw.) [103, 120].

Für *Ägypten* ist eine ganze Anzahl von Projekten der friedlichen Anwendung von Kernexplosionen interessant. Eine wichtige Aufgabe ist die Speicherung von Naturgas aus den Ölfeldern im Golf von Suez. Das Öl ist mit Naturgas gesättigt, es wird mit einer Rate von $1{,}4 \cdot 10^7$ m^3/d in die Luft abgelassen. Von der Egyptian General Petroleum Corporation wird ein Projekt studiert, etwa 50% davon zu verwerten, indem es verflüssigt und unterirdisch gespeichert wird. Salzformationen in dieser Gegend lassen das Projekt aussichtsreich erscheinen. Die Sicherheitsfragen dürften beherrschbar sein, da die Gegend nicht stark bevölkert ist. Eine weitere Anwendung wäre die Stimulation von Gas und Öl. Schließlich soll geprüft werden, ob sich geothermische Energiequellen nutzen lassen, da es in bestimmten Gebieten Ägyptens Thermalquellen und hohe Temperaturgradienten gibt. Zur Erschließung dieser

Energiequellen wären jedoch sehr starke Explosionen in großer Tiefe erforderlich (etwa 5 Mt in 3000 m Tiefe). [104] Das Qattara-Kanal-Projekt wird weiter eingehend studiert [112, 119].

In *Thailand* und *Venezuela* stehen von den möglichen Anwendungen der Kernexplosionen vor allem große Kanalbauprojekte im Mittelpunkt des Interesses (siehe auch Abschnitt 2.1.1.) [45, 105].

4.2. Zusammenfassung

Der Überblick über die möglichen Anwendungen von Kernexplosionen für friedliche Zwecke, die Ergebnisse der bisher durchgeführten Untersuchungen und die in verschiedenen Ländern diskutierten Projekte erlauben, zusammenfassend über den gegenwärtigen Entwicklungsstand und die zu lösenden Aufgaben folgendes festzustellen:

1. Das Interesse an der Anwendung von Kernexplosionen für friedliche Zwecke ist sehr groß und wird weiter zunehmen. Das liegt darin begründet, daß in Form der Kernexplosionen eine relativ billige Quelle konzentrierter Energie zur Verfügung steht, mit der außerordentlich wichtige Probleme der Erschließung von Naturressourcen und der Umgestaltung der Natur gelöst werden können. Die Internationale Atomenergieagentur hat sich der Aufgabe angenommen, den Informationsaustausch über die friedlichen Kernexplosionen intensiv zu fördern und gleichzeitig Verantwortung dafür wahrzunehmen, einen Mißbrauch solcher Explosionen für kriegerische Zwecke zu verhindern.

2. Die Untersuchungen der letzten Jahre haben gezeigt, daß es bereits heute Anwendungsbeispiele gibt, die nicht nur technisch möglich und ökonomisch vorteilhaft sind, sondern deren Technologie soweit entwickelt ist, daß sie als zuverlässig und sicher einzuschätzen ist. Solche Anwendungsmöglichkeiten sind gegenwärtig

praktisch noch auf Kernsprengeinrichtungen besitzende Staaten beschränkt, die eigene Erfahrungen bei der Anwendung von friedlichen Kernexplosionen und ein genügend großes Territorium besitzen. Internationale Verträge über das Verbot von Kernexplosionen in der Atmosphäre, unter Wasser und im Kosmos, der Kernwaffensperrvertrag und sonstige völkerrechtliche Bestimmungen müssen im Interesse der Erhaltung und Sicherung des Friedens auch dann eingehalten werden, wenn dadurch die eine oder andere friedliche Verwendungsmöglichkeit von Kernexplosionen vorerst nicht umfassend wirksam werden kann.

3. Eine wesentliche Voraussetzung für die friedliche Anwendung von Kernexplosionen, das Verständnis der Phänomenologie solcher Explosionen, wurde in den vergangenen Jahren für viele Explosionsbedingungen, sowohl für unterirdische als auch kratererzeugende Kernexplosionen, wesentlich verbessert. Das bedeutet jedoch trotz vieler beeindruckender Erfolge bei der Vorhersage von Explosionseffekten nicht, daß für alle Explosionsbedingungen – auch für Mehrfachexplosionen – die sichere Vorhersage schon möglich ist. Probleme sind insbesondere noch zu lösen, wenn es um die Übertragung von Erfahrungen auf andere geologische Bedingungen und größere Explosionsstärken geht. Die Vorhersage der Explosionseffekte ist dabei sowohl für den Anwendungsfall als auch für die technische Sicherheit und den Umweltschutz von Bedeutung.

4. Fortschritte wurden erreicht und können weiterhin erreicht werden, wenn spezielle Kernsprengeinrichtungen für friedliche Zwecke entwickelt werden. Die Reduzierung der Strahlenbelastung ist durch die Auswahl geeigneter Kernsprengeinrichtungen möglich. Die Verringerung des Durchmessers der Vorrichtung erlaubt schließlich eine beträchtliche Kostenreduzierung bei der Bohrlocherzeugung.

5. Einer breiten Nutzung auf Grund gründlicher wissenschaftlicher und technischer Voruntersuchungen

und von Großversuchen unter Feldbedingungen am nächsten sind folgende Anwendungen:

die Löschung von unkontrolliert brennenden Gassonden,

die Schaffung von Wasserreservoiren mittels kratererzeugender Kernexplosionen,

die Stimulation von Erdöllagern und

die Bildung von Hohlräumen in Salzformationen zur Lagerung von verflüssigtem Gas.

Viele andere Projekte sind in der Diskussion bzw. im Zustand der theoretischen und experimentellen Prüfung im Labor oder im Großversuch unter Feldbedingungen.

6. Friedliche Kernexplosionen sind ebenfalls für wissenschaftliche Zwecke geeignet. Die sehr große Fluenz schneller Neutronen bei einer Kernexplosion läßt sich zur Erzeugung von schweren Elementen nutzen. Es können Materialien bei sehr hohen Temperaturen und Drucken untersucht werden; die Erforschung des Erdinneren ist mittels der seismischen Wellen, die sich bei einer Kernexplosion ergeben, möglich.

7. Eine Strahlenbelastung bestimmter Bevölkerungsgruppen, die auf verschiedene Weise zustandekommen kann, läßt sich nicht völlig vermeiden. Die Bildung radioaktiver Stoffe, die eine Strahlenbelastung verursachen könnten, läßt sich schon dadurch verringern, daß für unterirdische Explosionen Kernspaltungssprengstoffe, für kratererzeugende Kernexplosionen Kernfusionssprengstoffe Verwendung finden. Die Methoden zur Abschätzung von Bevölkerungsdosen infolge der Strahlung, die mit friedlichen Kernexplosionen verbunden ist, sind weit entwickelt, so daß zuverlässige Werte über die Strahlenbelastung bei verschiedenen Anwendungen friedlicher Kernexplosionen zur Verfügung stehen.

8. Die theoretischen und experimentellen Untersuchungen mit nuklearen und chemischen Sprengstoffen erlauben es heute, seismische Phänomene, insbesondere die möglichen Schäden, hinreichend gut vorherzusagen.

Atmosphärische Druckwellen spielen eine untergeordnete Rolle.

9. Eine wesentliche Aufgabe vor der Durchführung von friedlichen Kernexplosionen ist die Aufklärung der Bevölkerung über alle Aspekte solcher Explosionen. Es gilt, breiten Kreisen der Bevölkerung den Nutzen solcher Projekte zu erklären, die sich nur mit friedlichen Kernexplosionen ökonomisch durchführen lassen, und mit dem möglichen Risiko zu vergleichen, um dieser Technologie zu öffentlicher Anerkennung zu verhelfen.

Literaturverzeichnis

[1] G. Pokrowski (Г. Покровский), Техника молодёжи 22 (9) (1954), 2

[2] IAEA, Peaceful Nuclear Explosions, Phenomenology and Status Report, Vienna 1970

[3] IAEA, Peaceful Nuclear Explosions II, Their practical Application, Vienna 1971

[4] IAEA, Peaceful Nuclear Explosions III, Vienna 1974

[5] IAEA, Peaceful Nuclear Explosions IV, Vienna 1975

[6] A. R. W. Wilson, Current status of civil engineering and mineral resources development applications of peaceful nuclear explosions, Peaceful Uses of Atomic Energy, Vol. 7, S. 211, Vienna 1972

[7] IAEA, Peaceful Uses of Nuclear Explosions, Bibliographical Series No. 38, Vienna 1970

[8] IAEA, Bibliographie, in Vorbereitung

[9] Pressekommunique PR 75/17 der IAEA

[10] H. Pose, Einführung in die Physik des Atomkerns, VEB Deutscher Verlag der Wissenschaften, Berlin 1971

[11] W. Fratzscher, H. Felke, Einführung in die Kernenergetik, VEB Deutscher Verlag für Grundstoffindustrie, Leipzig 1971

[12] V. Schuricht u. a., Strahlenschutzphysik, VEB Deutscher Verlag der Wissenschaften, Berlin 1975

[13] M. Hoffmann, Kernwaffen und Kernwaffenschutz, Militärverlag der DDR, Berlin 1973

[14] S. Glasstone, Hrsg., Die Wirkungen der Kernwaffen, Köln, Berlin, Bonn 1964

[15] R. A. Siddons, Production of radioactivity in peaceful nuclear explosions, in [4], S. 353

[16] T. R. Butkovich, The gas equation of state of natural materials, UCRL-14729 (1967), zitiert nach [17]

[17] D. E. Burton, C. M. Snell, J. B. Bryan, Nuclear Technology 26 (1975), 65

[18] Nuclear USA, Prospekt der USA-Ausstellung anläßlich der IV. Internationalen Konferenz der UN für die friedliche Anwendung der Atomenergie, Genf 1971
[19] M. D. Nordyke, Peaceful uses of nuclear explosions, in [2], S. 49
[20] R. W. Taylor, Nuclear Technology 18 (1973), 185
[21] P. Cohen, La radioactivitie et son fractionnement au cours des tirs souterrains en milieu granitique, in [2], S. 211
[22] W. G. Lukischow, W. N. Rodionow, I. A. Sisow, W. M. Zwetkow (В. Г. Лукишов, В. Н. Родионов, И. А. Сизов, В. М. Цветков), Модельное исследование дробящего действия взрыва, in [5], S. 441
[23] W. N. Rodinow, I. A. Sisow, W. M. Zwetkow (В. Н. Родинов, И. А. Сизов, В. М. Цветков), Оценка возможных остаточных напряжений в горном массиве после взрыва, in [5], S. 391
[24] F. E. Prieto, Peaceful nuclear explosions and thermodynamics, in [5], S. 437
[25] K. W. Mjasnikow, E. A. Leonow, N. M. Romadin, Rasrabotka (К. В. Мясников, Е. А. Леонов, Н. М. Ромадин), Разработка научно-технических основ создания подземных хранилищ с помощью ядерных взрывов в массиве каменной соли, in [4], S. 179
[26] J. T. Cherry, F. L. Petersen, Numerical simulation of stress wave propagation from underground nuclear explosions, in [2], S. 241
[27] E. Moreau, Methodes numeriques et usage industriel de l'explosif nucleaire, in [2], S. 327
[28] I. G. Cameron, G. C. Scorgie, Theoretical model of the early phases of an underground explosion, in [2], S. 331
[29] S. Derlich, Transformations du milieu dues a une explosion nucleaire souterraine, in [2], S. 123
[30] K. Parker, The storage of natural gas in cavities created by underground nuclear explosions, in [3], S. 139
[31] G. H. Higgins, Nuclear explosion data for underground engineering applications, in [2], S. 111
[32] R. W. Terhune, J. G. Shaw, Calculation of rock fracturing from multiple nuclear explosive sources, in [4], S. 251
[33] R. L. LaFrenz, Explosive excavation for water environment and road cut applications, in [4], S. 27
[34] W. C. Day, Craters as engineering structures, in [4], S. 193
[35] J. Gautier, P. Perroud, Etudes experimentales et theori-

ques des dimensions de crateres d'explosions chimiques dans les sols, in [4], S. 235

[36] W. N. Rodinow (В. Н. Родионов), Методы моделирования выброса с учетом силы тяжести, in [2], S. 405

[37] R. W. Terhune, T. F. Stubbs, J. T. Cherry, Nuclear cratering from a digital computer, in [2], S. 415

[38] R. Chidambaram, R. Ramanna, Some studies in India's peaceful nuclear explosion experiment, in [5], S. 421

[39] W. W. Kirejew, O. L. Kedrowski, Ju. A. Walentinow K. W. Mjasnikow, G. A. Nikiforow, L. W. Prosorow, W. K. Potapow (В. В. Киреев, О. Л. Кедровский, Ю. А. Валентинов, К. В. Мясников, Г. А. Никифоров, Л. В. Прозоров, В. К. Потапов), Групповой экскавационный ядерный взрыв в амювиальных породах, in [5], S. 399

[40] J. Toman, Results of cratering experiments, in [2], S. 345

[41] W. N. Rodinow, A. N. Romaschow (В. Н. Родионов, А. Н. Ромашов), Применение крупных взрывов на строительстве плотин, in [4], S. 55

[42] F. Paz-Castillo, P. Kruger, Diseño de un canal de navegacion que una el Orinoco con el Rio Negro en el Territorio fédéral de Amazonas, Vénézuela, in [4], S. 69

[43] M. A. El Guebeily, E. M. El Shazly, M. K. Diab, Prospects of peaceful applications of nuclear explosions in Egypt, Peaceful Uses of Atomic Energy, Vol. 7, S. 233, Vienna 1972

[44] S. Srisukh, Thailands Kra canal project, in [5], S. 209

[45] S. Srisukh, Thailand, Statements on national programmes, in [5], S. 13

[46] K. Parker, Some possible applications of peaceful nuclear explosions in the recovery of natural resources from beneath the seabed, in [5], S. 141

[47] H. W. Sohns, Feasibility of in situ retorting of Green River oil shale, utilizing nuclear explosives for fracturing, in [4], S. 99

[48] A. E. Lewis, Nuclear in situ recovery of oil from oil shale, in [5], S. 153

[49] M. D. Nordyke, Underground engineering applications, concepts and experience: gas stimulation with PNE, in [3], S. 23

[50] W. R. Woodruff, R. S. Guido, Project Rio Blanco — Part I: Nuclear operations and chimney re-entry, in [5], S. 29

[51] J. Toman, Project Rio Blanco – Part II: Production test data and preliminary analysis of top chimney/cavity, in [5], S. 117

[52] G. W. Johnson, United States of America, Statement on national programmes, in [4], S. 15

[53] G. R. Luetkehans, J. Toman, B. G. BiBona, Nuclear Technology 27 (1975), 539

[54] R. W. Taylor, Gas quality and geochemical studies in gas stimulation experiments, in [4], S. 123

[55] A. Bartoux, J. Faure, L. Michaud, P. Nelson, C. Roux, Etude de cavities de stockage crees par des moyens nucleaires, in [4], S. 143

[56] L. van der Harst, European gas storage: The application of nuclear explosives, in [3], S. 183

[57] O. L. Kedrowski, K. W. Mjasnikow, E. A. Leonow, N. M. Romadin, B. F. Dorodnow, G. A. Nikiforow (О. Л. Кедровский, К. В. Мясников, Е. А. Леонов, Н. М. Ромадин, В. Ф. Дороднов, Г. А. Никифоров), Применение камуфлетных ядерных взрывов для создания подземных емкостей и опыт их эксплуатации при хранении газового конденсата, in [5], S. 227

[58] O. L. Kedrowski (О. Л. Кедровский), Использование камуфлетных ядерных взрывов для ликвидации неуправляемых нефтяных и газовых фонтанов, in [3], S. 209

[59] R. L. Braun, A. E. Lewis, R. G. Mallon, C. J. Sisemore H. A. Tewes, R. A. Hard, I. V. Klumpar, L. J. Petrovic, In situ leaching of a copper deposit broken down by PNE, in [5], S. 257

[60] A. E. Lewis, R. L. Braun, G. H. Higgins, An underground nuclear explosion as a prelude to the chemical mining of primary copper sulphides, in [4], S. 157

[61] R. G. Shreffler, R. E. Roush, PACER Program, FY-1974 LASL Activity, Informal Report La-5754-MS, October 1974

[62] B. C. Diven, Measurements of neutron cross-sections with nuclear explosives, in [4], S. 463

[63] P. Mechler, Importance geophysique des explosions nucleaires, in [4], S. 471

[64] B. K. Crowley, H. D. Glenn, R. E. Marks, An analysis of Marvel, a nuclear shock-tube experiment, in [4], S. 277

[65] Feasibility and utility, and health and safety aspects of nuclear explosions for peaceful purposes, in [5], S. 461

[66] W. N. Rodionow (В. Н. Родионов), Механическое действие подземных ядерных взрывов, in [2], S. 187

[67] L. Michaud, Effects mecaniques au-dela de la zone proche d'une explosion nucleaire souterraine dans le granite, in [2], S. 151

[68] D. V. Power, Nuclear Technology **27** (1975), 680

[69] W. N. Kostjutschenko, W. N. Rodinow, W. M. Schamin (В. Н. Костюченко, В. Н. Родионов, В. М. Шамин), Действие сейсмических волн подземных ядерных взрывов на здания, in [4], S. 443

[70] W. N. Kostjutschenko, W. N. Rodionow, D. D. Sultanow (В. Н. Костюченко, В. Н. Родионов, Д. Д. Султанов), Сейсмические волны при подземных ядерных взрывах, in [4], S. 447

[71] M. A. Sadowski, W. N. Kostjutschenko (М. А. Садовский, В. Н. Костюченко), Доклады Академии наук СССР **215** (1974), 1097

[72] A. D. Thornbrough, Current practices and anticipated improvements in PNE, in [3], S. 235

[73] P. S. Rohwer, S. V. Kaye, E. G. Struxness, CUEX methodology for assessing radiological impacts in the context of ICRP recommendations, in [5], S. 285

[74] L. R. Anspaugh, K. R. Peterson, W. L. Robison, Modelling the dose to man from exposure to tritiated water vapour, in [5], S. 369

[75] Ju. A. Israel (Ю. А. Израэль), Мирные ядерные взрывы и окружающая среда, Гидрометеоиздат, Ленинград 1974

[76] Ju. A. Israel, A. A. Ter-Saakow, W. A. Wetrow, G. A. Krassilow, (Ю. А. Израэль, А. А. Тер-Сааков, В. А. Ветров, Г. А. Красилов), Активация горных пород и формирование носителей радиоактивных продуктов при подземных ядерных взрывах, in [4], S. 389

[77] H. A. Tewes, L. L. Schwartz, Potential pathways to man for radionuclides from contained applications of peaceful nuclear explosives, in [5], S. 297

[78] Ju. A. Israel (Ю. А. Израэль), Радиоактивность при камуфлетных подземных ядерных взрывах, in [2], S. 231

[79] M. J. Kelly, P. S. Rohwer, C. J. Barton, E. G. Struxness, The relative risks from radionuclides found in nuclearly stimulated natural gas, in [4], S. 321

[80] D. Zappe, V. Schuricht, Isotopenpraxis **12** (1976), 305

[81] R. M. Pastore, R. L. Gotchy, Radiological accident pre-

diction and techniques for practical operational control in a nuclear gas stimulation project, in [4], S. 369

[82] Ju. A. Israel, A. Ja. Pressman, K. G. Batajew, E. D. Stukin (Ю. А. Израэль, А. Я. Прессман, К. Г. Батаев, Е. Д. Стукин), Распространение радиоактивных продуктов в зоне разрушенной горной породы при камуфлетном ядерном взрыве и расчёт возможного загрязнения нефти при интенсификации её добычи, in [3], S. 283

[83] D. G. Jacobs, E. G. Struxness, Radiological safety considerations in the distribution of natural gas that contains radionuclides, in [3], S. 319

[84] L. Aamodt, Rulison: Underground engineering explosive and emplacement considerations, in [3], S. 61

[85] C. J. Barton, R. E. Moore, P. S. Rohwer, S. V. Kaye, Calculational techniques for estimating population doses from radioactivity in natural gas from nuclearly stimulated wells, in [5], S. 343

[86] L. L. Schwartz, H. A. Tewes, W. L. Robison, K. R. Peterson, Potential pathways to man for radionuclides from excavation applications of peaceful nuclear explosives, in [5], S. 321

[87] Ju. A. Israel (Ю. А. Израэль), Феноменология загрязнения атмосферы и местности продуктами подземных ядерных взрывов, in [4], S. 301

[88] A. Robson, A computer method for predicting fall-out levels resulting from cratering nuclear explosions applied for peaceful purposes, in [4], S. 411

[89] Ju. A. Israel, W. N. Petrow (Ю. А. Израэль, В. Н. Петров), Диффузия и осаждение радиоактивных продуктов из облака подземного ядерного взрыва, in [5], S. 355

[90] M. Dupuis, C. Humbert-Droz, Prevision des niveaux de radioactivite obtenus apres un tir contenu, in [4], S. 341

[91] IAEA, Application of meteorology to safety at nuclear plants, Safety Series No. 29, Vienna 1968

[92] M. P. Gretschuschkina, Ju. A. Israel, W. N. Petrow (М. П. Гречушкина, Ю. А. Израэль, В. Н. Петров), Возможные технические подходы для выработки норм безопасного проведения ядерных взрывов в мирных целях, in [5], S. 377

[93] K. Edvarson, G. Persson, Population doses from underground nuclear explosions, in [4], S. 429

[94] K. W. Mjasnikow (К. В. Мясников), Союз Советских

Социалистических Республик, Statements on national programmes, in [5], S. 15
[95] E. H. FLEMING, United States of America, Statements on national programmes, in [5], S. 23
[96] A. GAUVENET, France, Statements on national programmes, in [2], S. 5
[97] P. THERENE, France, Statements on national programmes, in [3], S. 5
[98] A. J. SARCIA, France, Statements on national programmes, in [4], S. 13
[99] A. J. SARCIA, France, Statements on national programmes, in [5], S. 5
[100] K. PARKER, United Kingdom, Statements on national programmes, in [5], S. 17
[101] A. R. W. WILSON, Australia, Statements on national programmes, in [5], S. 3
[102] U. ERICSSON, Sweden, Statements on national programmes, in [5], S. 11
[103] M. LANGER, Federal Republic of Germany, Statements on national programmes, in [5], S. 7
[104] M. A. EL GUEBEILY, E. M. EL SHAZLY, Arab Republic of Egypt, Statements on national programmes, in [4], S. 3
[105] A. J. RODRIGUEZ DIAZ, Venezuela, Statements on national programmes, in [4], S. 21
[106] IAEA, Peaceful Nuclear Explosions V, Vienna 1976 (IAEA-TC-81-5)
[107] F. E. PRIETO, C. RENERO, A. MONDRAGÓN, Equation of state for shock compressed fluids, in [106], IAEA-TC-81-5/1
[108] L. B. BALLOU, Project Rio Blanco – Additional production testing and reservoir analysis, in [106], IAEA-T-81-5/2
[109] C. E. RAGAN III, M. G. SILBERT, B. C. DIVEN (presented by D. R. WESTERVELT), Measurement of an equation-of-state point for molybdenum at very high pressure, in [106], IAEA-TC-81-5/3
[110] L. L. SCHWARTZ, J. J. COHEN, A. E. LEWIS, R. L. BRAUN, High level radioactive waste isolation by incorporation in silicate rock, in [106], IAEA-TC-81-5/4
[111] F. HOLZER (presented by L. B. BALLOU), Ground motion and building damage from underground nuclear detonations, in [106], IAEA-TC-81-5/5
[112] E. M. EL-SHAZLY, Development of the Qattara depression, in [106], IAEA-TC-81-5/6

[113] Ju. A. Israel, M. P. Gretschuschkina (Ю. А. Израэль, М. П. Гречушкина), Использование подземных ядерных взрывов в мирных целях при обеспечении минимального радиоактивного загрязнения природной среды, in [106], IAEA-TC-81-5/7
[114] W. N. Rodionow, A. A. Spiwak, W. M. Zwetkow (В. Н. Родионов, А. А. Спивак, В. М. Цветков), Исследование фильтрационных свойств горных пород в массиве, in [106], IAEA-TC-81-5/8
[115] K. E. Edvarson, Aspects on dose criteria and radioactivity release limits in connection with nuclear explosions for peaceful purposes, in [106], IAEA-TC-81-5/9
[116] J. Despois, F. Nougarede, J. P. Sarda, Stockage offshore d'hydrocarbures liquides par moyens nucleaires, ANS Winter Meeting, San Francisco, 11.–15. 11. 1973
[117] A. J. Hodges, United States of America, Statements on national programmes, in [106]
[118] K. Parker, United Kingdom, Statements on national programmes, in [106]
[119] E. M. El-Shazly, Arabian Republic of Egypt, Statements on national programmes, in [106]
[120] W. G. Hübschmann, Federal Republic of Germany, Statements on national programmes, in [106]
[121] K. Edvarson, Sweden, Statements on national programmes, in [106]
[122] A. J. Sarcia, France, Statements on national programmes, in [106]
[123] W. N. Rodionow (В. Н. Родионов), Союз Советских Социалистических Республик, Statements on national programmes, in [106]
[124] IAEA – TC 81, Summary and conclusions, in [106]

Anhang 1

Umrechnungsbeziehungen für SI-Einheiten

Größe	bisher verwendete Einheiten	SI-Einheit	Umrechnungsbeziehungen
Aktivität	Curie (Ci)	Becquerel (Bq)	1 Bq $\equiv$ 1 s^{-1}
			1 Bq = 2,703 $\cdot 10^{-11}$ Ci
			1 Ci = 3,700 $\cdot 10^{10}$ Bq
Druck	Atmosphäre (atm)	Pascal (Pa)	1 Pa $\equiv$ 1 N/m^2
	Bar (bar)		1 Pa = 9,8692 $\cdot 10^{-6}$ atm
			1 Pa = 1 $\cdot 10^{-5}$ bar
			1 atm = 1,01325 $\cdot 10^{5}$ Pa
			1 bar = 1 $\cdot 10^{5}$ Pa
Explosionsstärke	Kilotonne TNT-Äquivalent (kt)	Joule (J)	1 J $\equiv$ 1 Nm
			1 J = 2,390 $\cdot 10^{-13}$ kt
			1 kt = 4,184 $\cdot 10^{12}$ J
			= 1 $\cdot 10^{9}$ kcal

Anhang 2

Verzeichnis der verwendeten Symbole

Symbol	Größe
a	Beschleunigung
a	Konstante
A	Aktivität
b	Konstante
c	Konstante
c	Konzentration
c_l	Ausbreitungsgeschwindigkeit von Longitudinalwellen
E	Energie
g	Erdbeschleunigung
h_{E}	Explosionstiefe
h_{E}^{*}	reduzierte Explosionstiefe
$h_{\mathrm{E,äq}}$	äquivalente Explosionstiefe
h_{K}	Kaminhöhe
h_{K}^{*}	reduzierte Kaminhöhe
h_{R}	Tiefe eines retarc
h_{S}	Tiefe des scheinbaren Kraters
h_{W}	Wassertiefe
k	Konstante
m	Konstante
n	Anzahl
N	Anzahl
p	Bruchteil geschädigter Gebäude
p	Konstante
r	Entfernung
r_{G}	Grenze für Schäden im Medium
r_{H}	Hohlraumradius
r_{K}	Kaminradius

Symbol	Größe
r_K^*	reduzierter Kaminradius
r_S	Radius des scheinbaren Kraters
r	Zeit
t	Parameter
T	Halbwertszeit
T_B	Bestrahlungszeit
v	Geschwindigkeit eines Bodenteilchens
V	Volumen
w_{ki}	Übergangswahrscheinlichkeit
W	Explosionsstärke
x	Verschiebung eines Bodenteilchens
ε	Konstante
ε	Deformation des Bodens
$\varkappa$	Verhältnis der spezifischen Wärmen
λ	Zerfallskonstante
ϱ	Dichte
ϱ_W	Dichte des Wassers
ϱ_G	Dichte des Gesteins
σ	Wirkungsquerschnitt
σ	Druckfestigkeit
σ	Austauschkoeffizient, Dispersionsparameter
φ	Neutronenflußdichte
φ_E	Energiespektrum der Neutronenflußdichte
Φ	Neutronenfluenz
Φ	Wahrscheinlichkeitsintegral

Sachverzeichnis

A. M. PETROSJANZ

Das Atom –
Forschung und Nutzung

Übersetzung aus dem Russischen

Herausgegeben von Klaus Uhlig

1973. XI, 358 Seiten – 56 Abbildungen – 35 Tabellen

8⁰ – 28,– M

Bestell-Nr. 761 729 4 (6027)

Dieses anspruchsvolle, aber populär geschriebene Buch gibt einen guten Überblick über die Entwicklung der Kernforschung und Kerntechnik, insbesondere der Kernenergetik. Der Verfasser behandelt alle Gebiete der friedlichen Nutzung der Kernenergie, die in den kommenden Jahrzehnten die wichtigste Basis der Energiewirtschaft sein wird.

Bestellungen durch eine Buchhandlung erbeten

THEORIA CUM PRAXI

AKADEMIE-VERLAG · BERLIN

Der Autor

- informiert über ein Anwendungsgebiet der Kernenergie, das seit einigen Jahren rege diskutiert wird

- behandelt wissenschaftlich-technische Grundlagen und Anwendungen von Kernexplosionen für friedliche Zwecke und die dabei auftretenden Sicherheitsprobleme

- wendet sich an einen weiten Kreis von Interessenten aus verschiedenen – insbesondere naturwissenschaftlichen und technischen – Fachgebieten

WISSENSCHAFTLICHE TASCHENBÜCHER